广联达 计量计价实训系列教程

GUANGLIANDA JILIANG JIJIA SHIXUN XILIE JIAOCHENG

工程量清单计价
实训教程（陕西版）

GONGCHENGLIANG QINGDAN JIJIA
SHIXUN JIAOCHENG

主　编　张玉生　王全杰　张学钢
副主编　谢志秦　石速耀　杨　谦
参　编　（按拼音排序）
　　　　陈莉粉　杜小武　惠雅莉　贾　玲
　　　　李文琴　李忠坤　刘占宏　牛欣欣
　　　　彭　军　尚宇梅　晏兴威　姚立民
　　　　赵欣欣

重庆大学出版社

内 容 提 要

本书是《广联达计量计价实训系列教程》中工程量清单计价的环节,主要介绍了在采用广联达造价系列软件完成土建工程量计算与钢筋工程量计算后,如何完成工程量清单计价的全过程;分析工程量清单组价的输入条件,明确按照业主方的要求,一步步完成工程量清单组价过程,并提供了各阶段的参考答案用于教学过程中教师点评或学生自检。本书与地方定额相结合,充分体现了地方性特色。

通过本书的学习,可以让学生掌握正确的组价流程,掌握软件的应用方法,能够独立完成工程量清单计价。

本书可作为高职高专工程造价专业实训用教材,也可作为建筑工程技术专业、监理专业等的教学参考用书,还可作为岗位培训教材或供土建工程技术人员学习参考。

图书在版编目(CIP)数据

工程量清单计价实训教程:陕西版/张玉生,王全杰,张学钢主编. —重庆:重庆大学出版社,2012.9(2020.8 重印)
广联达计量计价实训系列教程
ISBN 978-7-5624-6947-6

Ⅰ.①工… Ⅱ.①张…②王…③张… Ⅲ.①建筑工程—工程造价—教材 Ⅳ.①TU723.3

中国版本图书馆 CIP 数据核字(2012)第 212814 号

广联达计量计价实训系列教程
工程量清单计价实训教程
(陕西版)
主 编 张玉生 王全杰 张学钢
副主编 谢志秦 石速耀 杨 谦
责任编辑:刘颖果 版式设计:彭 燕
责任校对:谢 芳 责任印制:赵 晟

*

重庆大学出版社出版发行
出版人:饶帮华
社址:重庆市沙坪坝区大学城西路 21 号
邮编:401331
电话:(023) 88617190 88617185(中小学)
传真:(023) 88617186 88617166
网址:http://www.cqup.com.cn
邮箱:fxk@cqup.com.cn(营销中心)
全国新华书店经销
POD:重庆新生代彩印技术有限公司

*

开本:787mm×1092mm 1/16 印张:5.25 字数:131 千
2012 年 9 月第 1 版 2020 年 8 月第 10 次印刷
ISBN 978-7-5624-6947-6 定价:13.00 元

编审委员会

出版说明

近年来,每次与工程造价专业的老师交流时,他们都希望能够有一套广联达造价系列软件的实训教程,以切实提高教学效果,让学生通过实训能够真正掌握使用软件编制造价的技能,从而满足企业对工程造价人才的需求,达到"零适应期"的应用教学目标。

围绕工程造价专业学生"零适应期"的应用教学目标,我们对150多家企业进行了深度调研,包括:建筑安装施工企业69家、房地产开发企业21家、工程造价咨询企业25家、建设管理单位27家。通过调研,我们分析总结出企业对工程造价人才的四点核心要求:

1. 识读建筑工程图纸能力 　　　　　　　　　　90%
2. 编制招投标价格和标书能力 　　　　　　　　87%
3. 造价软件运用能力 　　　　　　　　　　　　94%
4. 沟通、协作能力强 　　　　　　　　　　　　85%

同时,我们还调研了包括本科、高职、中职近300家院校,从中我们了解到各院校工程造价实训教学的推行情况,以及对软件实训教学的期待:

1. 进行计量计价手工实训 　　　　　　　　　　98%
2. 造价软件实训教学 　　　　　　　　　　　　85%
3. 造价软件作为课程教学 　　　　　　　　　　93%
4. 采用本地定额与清单进行实训教学 　　　　　96%
5. 合适图纸难找 　　　　　　　　　　　　　　80%
6. 不经常使用软件,对软件功能掌握不熟练 　　36%
7. 软件教学准备时间长、投入大,尤其需要编制答案 　73%
8. 学生的学习效果不好评估 　　　　　　　　　90%
9. 答疑困难,软件中相互影响因素多 　　　　　94%
10. 计量计价课程要理论与实际紧密结合 　　　98%

通过同企业和学校的广泛交流与调研,得到如下结论:

1. 工程造价专业计量计价实训是一门将工程识图、工程结构、计量计价等相关课程的知识、理论、方法与实际工作相结合的应用性课程。

2. 工程造价技能需要实践。在工程造价实际业务的实践中,能够更深入领会所学知识,全面透彻理解知识体系,做到融会贯通、知行合一。

3. 工程造价需要团队协作。随着建筑工程规模的扩大,工程多样性、差异性、复杂性的提高,工期要求越来越紧,工程造价人员需要通过多人协作来完成项目,因此,造价课程的实践需要以团队合作方式进行,在过程中培养学生的团队合作精神。

工程计量与计价是造价人员的核心技能,计量计价实训课程是学生从学校走向工作岗位的练兵场,架起了学校与企业的桥梁。

计量计价课程的开发团队需要企业业务专家、学校优秀教师、软件企业金牌讲师三方的精诚协作,共同完成。业务专家以提供实际业务案例、优秀的业务实践流程、工作成果要求为重点;教师以教学方式、章节划分、课时安排为重点;软件讲师则以如何应用软件解决业务问题、软件应用流程、软件功能讲解为重点。

应计量计价课程本地化的要求,我们组建了由企业、学校、软件公司三方专家构成的地方专家编审委员会,确定了课程编写原则:

1. 培养学生的工作技能、方法、思路;

2. 采用实际工程案例;

3. 以工作任务为导向,任务驱动的方式;

4. 加强业务联系实际,包括工程识图,从定额与清单两个角度分析算什么、如何算;

5. 以团队协作的方式进行实践,加强讨论与分享环节;

6. 课程应以技能培训的实效作为检验的唯一标准;

7. 课程应方便教师教学,做到好教、易学。

在上述调研分析的基础上,本系列教程编委会确定了4本教程。

实训教程

1.《办公大厦建筑工程图》

2.《钢筋工程量计算实训教程》

3.《建筑工程量计算实训教程》

4.《工程量清单计价实训教程》

为了方便教师开展教学,切实提高教学质量,除教材以外还配套以下教学资源:

教学指南

5.《钢筋工程量计算实训教学指南》

6.《建筑工程量计算实训教学指南》

7.《工程量清单计价实训教学指南》

教学参考

8. 钢筋工程量计算实训授课PPT

9. 建筑工程量计算实训授课PPT

10. 工程量清单计价实训授课PPT

11. 钢筋工程量计算实训教学参考视频

12. 建筑工程量计算实训教学参考视频

13. 工程量清单计价实训教学参考视频

14. 钢筋工程量计算实训阶段参考答案

15. 建筑工程量计算实训阶段参考答案

16. 工程量清单计价实训阶段参考答案

教学软件

17. 广联达钢筋抽样　GGJ 2009

18. 广联达土建算量　GCL 2008

19. 广联达工程量清单组价　GBQ 4.0

20. 广联达钢筋评分软件　GGPF 2009（可以批量地对钢筋工程算量进行评分）

21. 广联达土建算量评分软件　GTPF 2008（可以批量地对土建工程算量进行评分）

22. 广联达钢筋对量软件　GSS 2011（可以快速查找学生工程与标准答案之间的区别，找出问题所在）

23. 广联达图形对量软件　GST 2011

24. 广联达计价审核软件　GSH 4.0（快速查找两个组价文件之间的不同之处）

以上教材外的 5～24 项内容由广联达软件股份有限公司以课程的方式提供。

教程中业务分析由各地业务专家及教师编写，软件操作部分由广联达软件股份有限公司讲师编写，课程中各阶段工程由专家及教师编制完成（由广联达软件股份有限公司审核），教学指南、教学 PPT、教学视频由广联达软件股份有限公司组织编写并录制，教学软件需求由企业专家、学校教师共同编制，教学相关软件由广联达软件股份有限公司开发。

本教程编制框架分为 7 个部分：

1. 图纸分析，解决识图的问题；

2. 业务分析，从清单、定额两个方面进行分析，解决本工程要算什么以及如何算的问题；

3. 如何应用软件进行计算；

4. 本阶段的实战任务；

5. 工程实战分析；

6. 练习与思考；

7. 知识拓展。

计量计价实训系列教程将工程项目招标文件的编制过程，细分为 110 个工作任务，以团队方式，从图纸分析、业务分析、软件学习、软件实践，到结果分析，让大家完整学习应用软件进行工程造价计量与计价的全过程；本教程明确了学习主线，提供了详细的工作方法，并紧扣实际业务，让学生能够真正掌握高效的造价业务信息化技能。

本课程的授课建议流程如下：

1. 以团队的方式进行图纸分析，找出各任务中涉及构件的关键参数；

2. 以团队的方式从定额、清单的角度进行业务分析，确定算什么、如何算；

3. 明确本阶段软件应用的重要功能，播放视频进行软件学习；

4. 完成工程实战任务，提交工程给教师，利用评分软件进行评分；

5. 核量与错误分析，讲师提供本阶段的标准工程，学生利用对量与审核软件进行分析。

本教程由广联达软件股份有限公司王全杰、陕西职业技术学院张玉生、陕西铁路工程职业技术学院张学钢任主编。西安职业技术学院谢志秦、陕西工商职业学院石速耀、陕西工业职业技术学院杨谦担任副主编,参与教程方案设计、编制、审核工作。同时参与编制的人员还有贾玲、陈莉粉、晏兴威、尚宇梅、彭军、姚立民、惠雅莉、刘占宏、李文琴、杜小武、李忠坤、牛欣欣、赵欣欣,在此一并表示衷心的感谢。

在课程方案设计阶段,借鉴了韩红霞老师造价业务实训方案、实训培训方法,从而保证了本系列教程的实用性、有效性;同时,本教程汲取了天融造价历时3年近200多人的实训教学经验,让教程内容更适合初学者。另外,感谢编委会对教程提出的宝贵意见。

本教程在调研编制的过程中,工程教育事业部高杨经理、周晓奉、李永涛、王光思、李洪涛等同事给予了热情的帮助,对课程方案提出了中肯的建议,在此表示诚挚的感谢。

本教程在编写过程中,虽然经过反复斟酌和校对,但由于时间紧迫,难免存在不足之处,诚望广大读者提出宝贵意见,以便再版时修改完善。

编审委员会

2012 年 8 月

目　录

目 录

第1章　招标控制价编制要求

通过本章学习,你将能够:

(1)了解工程概况及招标范围;

(2)了解招标控制价编制依据;

(3)了解造价编制要求;

(4)掌握工程量清单样表。

1)工程概况及招标范围

①工程概况:第一标段为广联达办公大厦1#,总面积为4560m²,地下一层面积为967m²,地上4层建筑面积为3593m²;第二标段为广联达办公大厦2#,总面积为4560m²,地下一层面积为967m²,地上4层建筑面积为3593m²。本项目现场面积为3000m²。本工程采用履带式挖掘机1m³以上。

②工程地点:××市区。

③招标范围:第一标段及第二标段建筑施工图内除卫生间内装饰外的全部内容。

④本工程计划工期为180天,经计算定额工期210天,合同约定开工日期为2012年3月1日。(本教材以第一标段为例讲解)

2)招标控制价编制依据

该工程的招标控制价依据《建设工程工程量清单计价规范》(GB 50500—2008)、《陕西省建设工程工程量清单综合单价》(2009)及配套解释、相关规定,结合工程设计及相关资料、施工现场情况、工程特点及合理的施工方法,以及建设工程项目的相关标准、规范、技术资料编制。

3)造价编制要求

(1)价格约定

①除暂估材料及甲供材料外,材料价格按"陕西省2012年第3期市场价"计取。

②人工费按62元/工日。

③税金按3.477%计取。

④安全文明施工费、规费足额计取。

⑤暂列金额为80万元。

⑥幕墙工程(含预埋件)为暂估专业工程60万元。

(2)其他要求

①不考虑土方外运,不考虑买土。

②全部采用商品混凝土,运距10km。

③不考虑总承包服务费及施工配合费。

4)甲供材料一览表(表1.1)

表1.1　甲供材料一览表

序号	名　称	规格型号	计量单位	单价(元)
1	C15 商品混凝土	最大粒径 20mm	m^3	243.33
2	C20 商品混凝土	最大粒径 20mm	m^3	258.33
3	C25 商品混凝土	最大粒径 20mm	m^3	268.33
4	C25 商品混凝土,P8 抗渗	最大粒径 20mm	m^3	278.33
5	C30 商品混凝土	最大粒径 20mm	m^3	283.33
6	C30 商品混凝土,P8 抗渗	最大粒径 20mm	m^3	293.33
7	C35 商品混凝土	最大粒径 20mm	m^3	313.33
8	C35 商品混凝土,P8 抗渗	最大粒径 20mm	m^3	323.33

5)材料暂估单价表(表1.2)

表1.2　材料暂估单价表

序号	材料号	费用类别	材料名称	规格型号	计量单位	暂定价
1	C00201	材料费	大理石板		m^2	230
2	C01210	材料费	塑钢窗		m^2	210
3	C01211	材料费	塑钢门		m^2	225

6)计日工表(表1.3)

表1.3　计日工表

序　号	名　称	工程量	计量单位	单价(元)	备　注
1	人工				
	木工	10	工日	70	
	瓦工	10	工日	60	
	钢筋工	10	工日	60	
2	材料				
	砂子(中粗)	5	m^3	130	
	水泥	5	m^3	350	
3	施工机械				
	载重汽车	1	台班	500	

7)评分办法(表1.4)

表1.4　评分办法表

序号	评标内容	分值范围	说明
1	工程造价	70	不可竞争费单列(样表参考见《报价单》)
2	工程工期	5	按招标文件要求工期进行评定
3	工程质量	5	按招标文件要求质量进行评定
4	施工组织设计	20	按招标工程的施工要求、性质等进行评审

8)报价单(表1.5)

表 1.5　报价单

工程名称	第____标段_____(项目名称)	
工程控制价(万元)		
其中	安全文明施工措施费(万元)	
	税金(万元)	
	规费(万元)	
除不可竞争费外工程造价(万元)		
措施项目费用合计(不含安全文明施工措施费)(万元)		

9)工程量清单样表

工程量清单样表,参见《建设工程工程量清单计价规范》(GB 50500—2008)。

①封面:封-2。

②总说明:表-01。

③单项工程招标控制价汇总表:表-03。

④单位工程招标控制价汇总表:表-04。

⑤分部分项工程量清单与计价表:表-08。

⑥工程量清单综合单价分析表:表-09。

⑦措施项目清单与计价表(一):表-10。

⑧措施项目清单与计价表(二):表-11。

⑨其他项目清单与计价汇总表:表-12。

⑩暂列金额明细表:表-12-1。

⑪材料暂估单价表:表-12-2。

⑫专业工程暂估价表:表-12-3。

⑬计日工表:表-12-4。

⑭总承包服务费计价表:表-12-5。

⑮规费、税金项目清单与计价表:表-13。

⑯主要材料价格表。

第2章　编制招标控制价

通过本章学习,你将能够:

(1)了解算量软件导入计价软件的基本流程;

(2)掌握计价软件的常用功能;

(3)运用计价软件完成预算工作。

2.1　新建招标项目结构

通过本节学习,你将能够:

(1)建立建设项目;

(2)建立单项工程;

(3)建立单位工程;

(4)按标段多级管理工程项目;

(5)修改工程属性。

1)业务分析

业务要求:建立招标项目结构及导入算量工程。

业务描述:本招标项目标段为广联达办公区,包括1#和2#办公大厦,依据招标文件的要求建立广联达办公大厦招标项目结构。

2)操作步骤

①新建项目。鼠标左键单击"新建项目",如图2.1所示。

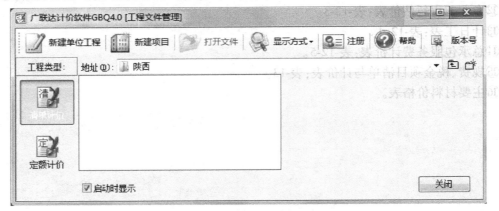

图2.1　新建项目

②进入新建标段工程,如图2.2所示。

本项目的计价方式:清单计价;

项目名称:广联达办公大厦项目;

项目编号:20120101。

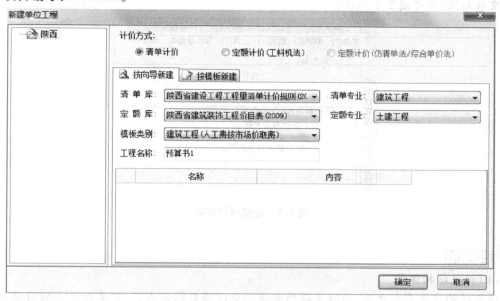

图2.2 新建标段工程

③新建单项工程。在"广联达办公大厦项目"单击鼠标右键,选择"新建单项工程",如图2.3所示。

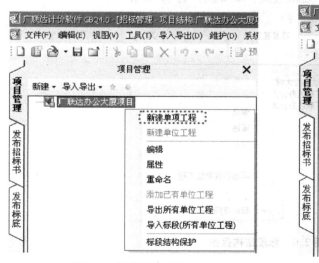

图2.3 新建单项工程

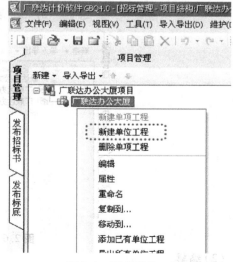

图2.4 新建单位工程

注:在建设项目下,可以新建单项工程;在单项工程下,可以新建单位工程。

④新建单位工程。在"广联达办公大厦"单击鼠标右键,选择"新建单位工程",如图2.4所示。

工程实战

实战要求：按上述介绍的操作步骤，完成新建广联达办公大厦1#、2#项目结构。

实战结果：参考图2.5所示。

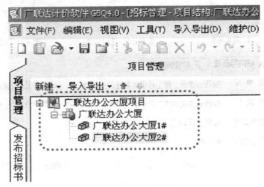

图2.5　完成项目结构

知识拓展

（1）标段结构保护

项目结构建立完成之后，为防止操作失误而更改项目结构内容，可右键单击项目名称，选择"标段结构保护"对项目结构进行保护，如图2.6所示。

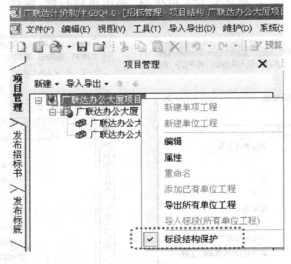

图2.6　标段结构保护

（2）编辑

①在项目结构中进入单位工程进行编辑时，可直接双击项目结构中的单位工程名称或者选中需要编辑的单位工程，单击右键，选择"编辑"即可。

②也可以直接鼠标左键双击"广联达办公大厦1#"及单位工程进入。

2.2 导入图形算量工程文件

通过本节学习,你将能够:
(1)导入图形算量文件;
(2)整理清单项;
(3)进行项目特征描述;
(4)增加、补充清单项。

1)业务分析

①将图形算量的工程量导入计价软件中,并在计价软件中进行一些整理操作。

②图纸结合清单与定额进行分析,有如下的工程无法在算量中进行计算时,需要进行手算,如2:8灰土回填、门槛、雨水配件、楼梯扶手、散水伸缩缝、商品混凝土运输。

③检查项目清单特征描述是否完善。

2)操作步骤

(1)导入图形算量文件

进入单位工程界面,单击"导入导出",选择"导入广联达算量工程文件",如图2.7所示,弹出如图2.8所示"导入广联达算量工程文件"对话框,选择算量文件所在位置,然后再检查列是否对应,无误后单击"导入"按钮即可,完成图形算量文件的导入。

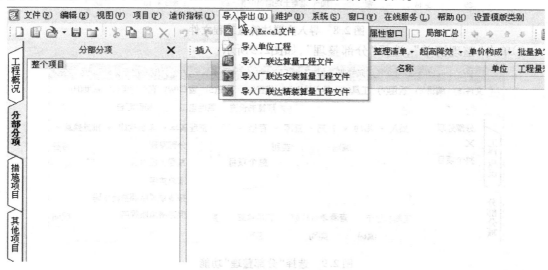

图2.7 选择"导入广联达算量工程文件"

(2)整理清单项

在分部分项界面进行分部分项整理清单项。

请选择GCL工程文件路径: C:\Users\sony\Desktop\广联达\GCL\2-9-1 楼梯.GCL9

清单项目 措施项目

全部选择 全部取消

	编码	类别	名称	单位	工程量	选择
1	⊟ 010101001001	项	"平整场地1. 土壤类别: 一	m2	1085.7169	☑
2	└─ 1-19	定	平整场地	m2	10.8572 * 100	☑
3	⊟ 010101003001	项	"挖基础土方1. 土壤类别:	m3	4682.2668	☑
4	└─ 1-3	定	人工挖土方一般土深度(m	m3	5.6873 * 100	☑
5	└─ 1-90	定	挖掘机挖土配自卸汽车运	m3	5.1186 * 1000	☑
6	⊟ 010101003002	项	"挖基础土方1. 土壤类别:	m3	26.5115	☑
7	└─ 1-9	定	人工挖地坑一般土深度(m	m3	0.3165 * 100	☑
8	⊟ 010101003003	项	"挖基础土方1. 土壤类别:	m3	61.3403	☑
9	└─ 1-3	定	人工挖土方一般土深度(m	m3	0.1298 * 100	☑
10	└─ 1-90	定	机械挖土汽车运土1km一	m3	0.1168 * 1000	☑
11	⊟ 010101003004	项	基底钎探	m3	1062.6837	☑
12	└─ 1-20	定	钻探及回填孔	m2	10.6288 * 100	☑
13	⊟ 010103001001	项	"土(石)方回填1. 土质要	m3	208.622	☑
14	└─ 1-26	定	回填夯实素土	m3	12.0611 * 100	☑
15	⊟ 010103001002	项	"土(石)方回填1. 土质要	m3	500.8762	☑
16	└─ 1-26	定	回填夯实素土	m3	5.0088 * 100	☑
17	⊟ 010302001001	项	"实心砖墙1. 砖品种、规	m3	22.1681	☑
18	└─ 3-4	定	砖墙1砖 (M5混合砌筑砂浆	m3	2.2168 * 10	☑
19	⊟ 010302001002	项	"实心砖墙1. 砖品种、规	m3	3.733	☑
20	└─ 3-7	定	砖墙1砖 (M5水泥混合砌筑	m3	0.3733 * 10	☑
21	⊟ 010304001001	项	"空心砖墙、砌块墙1. 墙	m3	379.9352	☑
22	└─ 3-46	定	加气 混凝土块墙(M10混	m3	37.8823 * 10	☑
23	⊟ 010304001002	项	"空心砖墙、砌块墙1. 墙	m3	133.042	☑
24	└─ 3-46	定	加气 混凝土块墙(M10混	m3	13.3041 * 10	☑
25	⊟ 010304001003	项	"空心砖墙、砌块墙1. 空	m3	18.2299	☑
26	└─ 3-46	定	加气 混凝土块墙(M10混	m3	1.823 * 10	☑

图 2.8　导入广联达算量工程文件

①单击"整理清单",选择"分部整理",如图2.9所示。

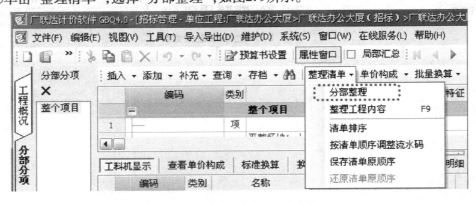

图 2.9　选择"分部整理"功能

②弹出如图 2.10 所示"分部整理"对话框,然后选择按专业、章、节整理,单击"确定"按钮。

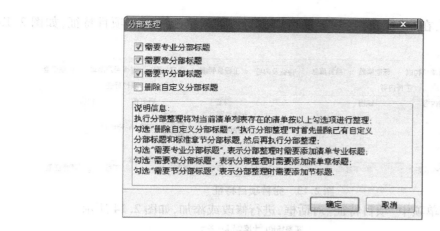

图 2.10 "分部整理"界面

③清单项整理完成后,如图 2.11 所示。

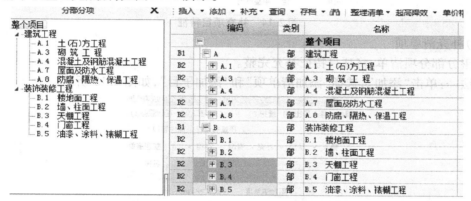

图 2.11 完成分部整理

(3)项目特征描述

项目特征描述主要有 3 种方法。

①图形算量中已包含项目特征描述的,可以在"特征及内容"界面下,选择"应用规则到全部清单项"即可,如图 2.12 所示。

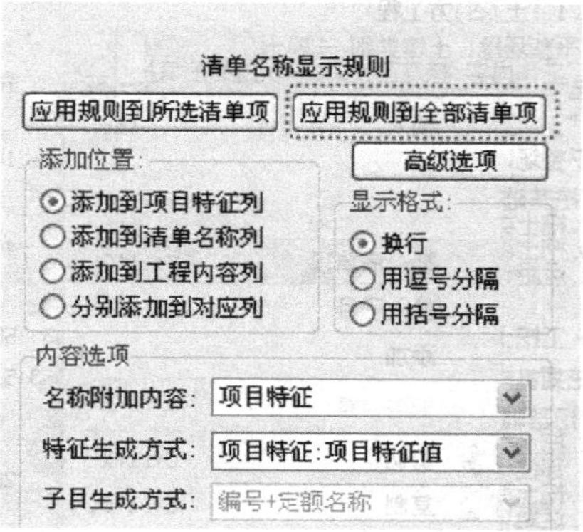

图 2.12 应用规则到全部清单项

②选择清单项,在"特征及内容"界面可以进行添加或修改来完善项目特征,如图2.13所示。

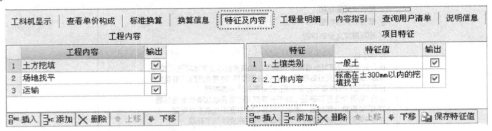

图2.13 完善项目特征

③直接单击清单项中"项目特征"对话框,进行修改或添加,如图2.14所示。

图2.14 补充项目特征

(4)补充清单项

完善分部分项清单,将项目特征补充完整。

方法一:单击"添加",选择"添加清单项"和"添加子目",如图2.15所示。

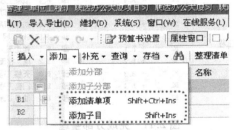

图2.15 添加清单项及子目

方法二:右键单击选择"插入清单项"和"插入子目",如图2.16所示。

编码	类别	名称	单位	工程量表达式	含量	工程量
		整个项目				
B1	A 部	建筑工程				
B2	A.1 部	A.1 土(石)方工程				
1	010101001001 项	"平整场地1.土壤类别:一般土 2.工作内容:标高在±300mm以内的挖填找平"	m2	1085.7169		1085.72
	1-19 定	平整场地	m2	1085.72	0.01	10.8572
2	010101003001 项	"挖基础		4682.2668		4682.27
	1-3 定	人工挖	m3	568.73	0.0012	5.6873
	1-90 定	挖掘机挖	0m3	5118.6	0.0010	5.1186
3	010101003002 项	"挖基础		26.5115		26.51

图2.16 插入清单项及子目

该工程需补充的清单子目如下(仅供参考):

①增加钢筋清单项,如图 2.17 所示。

	010416001001	项	现浇混凝土钢筋(及砌体加固钢筋) 10以内一级钢筋	t	3.808			3.808
	3-34	定	砌体内加固筋	t	QDL		1	3.808
	010416001002	项	现浇混凝土钢筋不绑扎: 一级钢筋A10以内的	t	89.291-3.808			85.483
	4-6	定	圆钢Φ10以内	t	QDL		1	85.483
	010416001003	项	现浇混凝土钢筋 二级钢筋综合	t	296.648			296.648
	4-7	定	圆钢Φ10以上	t	QDL		1	296.648
	010416001004	项	现浇混凝土钢筋 三级钢筋综合	t	0.666			0.666
	4-7	定	圆钢Φ10以上	t	QDL		1	0.666
	010416001005	项	现浇混凝土钢筋接头 锥螺纹接头Φ25以内	t	1			1
	B4-27	定	锥螺纹钢筋接头(mm以内)Φ25mm以内	10个	5520		552	552
	010416001006	项	现浇混凝土钢筋 锥螺纹接头Φ25以上	t	1			1
	B4-28	定	锥螺纹钢筋接头(mm以内)Φ28mm以内	10个	248		24.8	24.8

图 2.17　增加钢筋清单项

②补充 2:8 灰土清单项并修改土石方回填工程量,如图 2.18 所示。

	010103001001	项	土(石)方回填1. 土质要求:素土 2. 要求:夯填 3. 运距:1km以内场区内调配	m3	1206.11-336.93			869.18
	1-26	定	回填夯实素土	100m3	1206.11-336.93		0.01	8.6918

	010103001003	项	土(石)方回填 1. 土质要求:2:8灰土 2. 密实度要求:夯填	m3	336.93			336.93
	1-27	定	回填夯实2:8灰土	100m3	QDL		0.01	3.3693

图 2.18　补充 2:8 灰土清单项

③补充门槛、雨水配件、栏杆(包括:楼梯部分、大堂上空部分、休息平台部分、窗户部分)、预埋铁件、散水伸缩缝清单项,如图 2.19 至图 2.22 所示。

	010407001003	项	其他构件 1. 门槛	m3	0.18875			0.19
	B4-1 HC021 52 C02134	换	C20混凝土,非现场搅拌 换为【商品砼 C25 32.5R】	m3	QDL		1	0.19

图 2.19　补充门槛清单

	010702004001	项	屋面排水管Φ100 1. UPVC Φ100	m	136.2			136.2
	9-68	定	塑料制品水落管	10m	QDL		0.1	13.62

图 2.20　补充雨水配件清单

	020107001001	项	金属扶手带栏杆、栏板 1. 部位:楼梯、大堂、窗户	m	71.3658+42.7			
	1-108	借	不锈钢管扶手 不锈钢栏杆	10m	114.07			

图 2.21　补充栏杆清单

	010417002001	项	预埋铁件	t	0.475345			0.475
	4-9	定	预埋铁件	t	QDL		1	0.475

图 2.22　补充预埋铁件清单

3)检查与整理

整体检查：

①对分部分项的清单与定额的套用做法进行检查,看是否有误。

②查看整个的分部分项中是否有空格,如果有要进行删除。

③按清单项目特征描述校核套用定额的一致性,并进行修改。

④查看清单工程量与定额工程量的数据的差别是否正确。

2.3　计价中的换算

通过本节学习,你将能够：

(1)掌握清单与定额的套定一致性;

(2)调整人材机系数;

(3)换算混凝土、砂浆等级标号;

(4)补充或修改材料名称。

1)业务分析

①图形算量软件:解决算哪些量的问题,相应清单工程及子目工程量;所有换算在计价中进行。

②换算:结合清单的项目特征对照分析,是否需要进行换算。

2)操作步骤

(1)替换子目

根据清单项目特征描述校核套用定额的一致性,如果套用子目不合适,可单击"查询"选择相应子目进行"替换",如图2.23所示。

	编码	名称	单位	单价
1	1-1	人工挖土方,挖深(2m)以内	100m3	1351.56
2	1-2	人工挖土方,挖深(4m)以内	100m3	1746.78
3	1-3	人工挖土方,挖深(6m)以内	100m3	2129.82
4	1-4	人工挖土方,挖深6m以上每增1m	100m3	74.76
5	1-5	人工挖沟槽,挖深(2m)以内	100m3	1695.96
6	1-6	人工挖沟槽,挖深(4m)以内	100m3	2180.22
7	1-7	人工挖沟槽,挖深(6m)以内	100m3	2507.4
8	1-8	人工挖沟槽,挖深8m以上每增1m	100m3	91.14
9	1-9	人工挖地坑,挖深(2m)以内	100m3	1948.8
10	1-10	人工挖地坑,挖深(4m)以内	100m3	2313.78
11	1-11	人工挖地坑,挖深(6m)以内	100m3	2713.62
12	1-12	人工挖地坑,挖深8m以上每增1m	100m3	99.12
13	1-13	人工挖枯井、灰土井,挖深(4m)以内	10m3	381.36
14	1-14	人工挖枯井、灰土井,挖深(6m)以内	10m3	423.36
15	1-15	人工挖枯井、灰土井,挖深(8m)以内	10m3	472.5
16	1-16	人工挖枯井、灰土井,挖深8m以上每增1m	10m3	104.58
17	1-17	人工挖淤泥流砂	100m3	4620
18	1-18	人工山坡切土	100m3	443.1
19	1-19	平整场地	100m2	267.54

图2.23　替换子目

（2）子目换算

按清单描述进行子目换算时，主要包括两个方面的换算。

①换算混凝土、砂浆等级标号时，有两种方法：

a. 标准换算。选择需要换算混凝土标号的定额子目，在标准换算界面下选择相应的混凝土标号，本项目选用的全部为商品混凝土，如图2.24所示。

图2.24 换算混凝土标号

b. 人材机批量换算。对于项目特征要求混凝土标号相同的，选中所有要求混凝土标号相同的清单或子目，可运用"批量换算"中的"人材机批量换算"对混凝土进行换算，如图2.25所示。

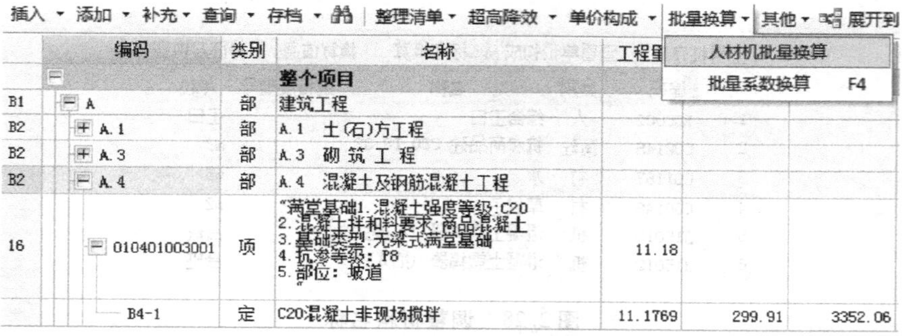

图2.25 选择人材机批量换算

在"人材机批量换算"界面，按图2.26所示提示操作进行批量换算。选择相对应的混凝土标号，执行批量换算，如图2.27所示。

图2.26 人材机批量换算

人材机批量换算

人材机汇总：

	编码	类别	名称	规格型号	单位	数量	预算价	市场价	供货方式	是否暂估
1	R00002	人	综合工日		工日	340.3779	42	62	自行采购	
2	C01167	材	水		m3	809.2002	3.85	3.85	自行采购	☐
3	C00148	材	草袋子		m2	455.9779	1.71	1.71	自行采购	☐
换	C02146	商砼	抗渗商品砼 C35 P8 32.5 R		m3	645.4335	387	387	自行采购	☐
5	J15013	机	混凝土震捣器（平板式）		台班	8.9911	13.57	13.57	自行采购	
6	J15012	机	混凝土震捣器（插入式）		台班	63.58	11.82	11.82	自行采购	

图 2.27　执行批量换算

②修改材料名称时，当项目特征中要求材料与子目相对应人材机材料不相符时，需要对材料名称进行修改。下面以满堂基础换 P8 抗渗混凝土为例，介绍人材机中材料名称的修改。选择需要修改的定额子目，在"工料机"操作界面下将材料名称一栏备注上"P8"，如图 2.28 所示。

工料机显示	查看单价构成	标准换算	换算信息	特征及内容

	编码	类别	名称	规格及型号	单位
1	R00002	人	综合工日		工日
2	C02145	商砼	抗渗商品砼 C30 P8 32		m3
3	C01167	材	水		m3
4	C00148	材	草袋子		m2
5	J15013	机	混凝土震捣器（平板式）		台班
6	J15012	机	混凝土震捣器（插入式）		台班

图 2.28　调整材料名称

锁定清单

在所有清单补充完整之后，可运用"锁定清单"对所有清单项进行锁定。锁定之后的清单项将不能再进行添加和删除等操作；若要进行修改，可先对清单项进行解锁，如图 2.29 所示。

图 2.29　锁定清单

2.4　其他项目清单

通过本节学习，你将能够：

（1）编制暂列金额；

（2）编制专业工程暂估价；

（3）编制工日表。

1)业务分析

业务要求:编制工程量其他项目。

业务描述:

①按本工程控制价编制要求,本工程暂列金额为80万元。

②本工程幕墙为专业暂估工程,暂列金额为60万元。

2)操作步骤

(1)添加暂列金额

单击"其他项目"→"暂列金额",如图2.30所示。按招标文件要求暂列金额为800000元,在名称中输入"暂估工程价",在金额中输入"800000"。

图2.30 暂列金额

(2)添加专业工程暂估价

单击"其他项目"→"专业工程暂估价",如图2.31所示。按招标文件内容,玻璃幕墙(含预埋件)为暂估工程价,在工程名称中输入"玻璃幕墙工程",在金额中输入"600000"。

图2.31 专业工程暂估价

(3)添加计日工

单击"其他项目"→"计日工费用"。按招标文件要求,本项目有计日工费用,需要添加计日工,人工为62元/工日。添加材料时,如需增加费用行可右键单击操作界面,选择"插入费用行"进行添加,如图2.32所示。

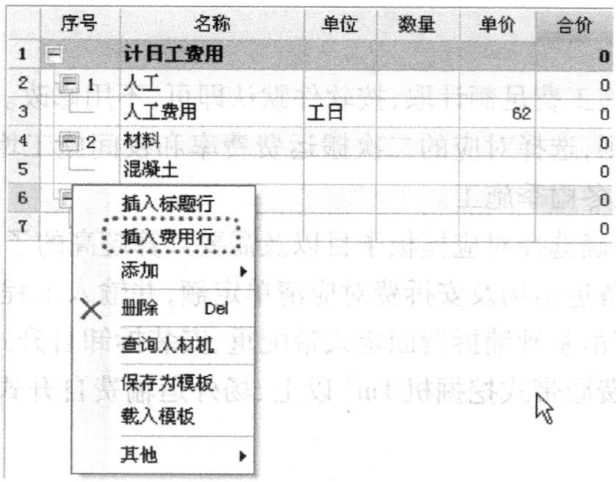

	序号	名称	单位	数量	单价	合价
1	⊟	**计日工费用**				0
2	⊟ 1	人工				0
3		人工费用	工日		62	0
4	⊟ 2	材料				0
5		混凝土				0
6						0
7						0

插入标题行
插入费用行
添加 ▶
✕ 删除 Del
查询人材机
保存为模板
载入模板
其他 ▶

图2.32 插入费用行

工程实战

实战要求:按操作步骤完成其他项目清单中其他暂列金额的编制。

实战结果:参考第3章报表部分。

知识拓展

总承包服务费

在工程建设施工阶段实行施工总承包时,当招标人在法律、法规允许的范围内对工程进行分包和自行采购供应部分设备、材料时,要求总承包人提供相关服务(如分包人使用总包人的脚手架、水电接剥等)和施工现场管理等所需的费用。

2.5　编制措施项目

通过本节学习,你将能够:

(1)编制安全文明施工措施费;

(2)编制夜间施工、二次搬运、冬雨季施工等通用措施项目;

(3)编制脚手架、模板、大型机械等技术措施项目。

1)业务分析

业务要求:编制措施项目清单。

业务描述:

①参照《陕西省建设工程工程量清单综合单价》(2009),措施项目费记取安全文明施工费、二次搬运费、夜间施工增加费。

②编制垂直运输、脚手架、混凝土泵送、大型机械进出场费用。

③提取分部分项模板子目,完成模板费用的编制。

2)操作步骤

①本工程安全文明施工费足额计取,按软件默认即可,不用修改。

②依据定额计算规则,选择对应的二次搬运费费率和夜间施工增加费费率,本项目不考虑二次搬运、夜间施工及冬雨季施工。

③提取模板子目,正确选择对应模板子目以及需要计算超高的子目,如图2.33所示。

④增加大型机械设备进出场及安拆费对应清单定额,并输入工程量。该项目需要考虑的大型机械安拆费,包括塔吊基础铺拆configuration固定式带配重、安装拆卸自升式塔吊;大型机械设备进出场费用包括场外运输费履带式挖掘机1m³以上、场外运输费自升式塔式起重机,如图2.34所示。

4-64	定	现浇构件模板 地沟	1.39	474.7	659.83
4-63	定	现浇构件模板 扶手压顶	8.75	1104.14	9661.23
4-56	定	现浇构件模板 整体楼梯普通	11.4738	1051.65	12066.42
4-60	定	现浇构件模板 阳台底板	0.1871	821.97	153.79
4-58	定	现浇构件模板 雨蓬	0.1871	765.25	143.18
4-54	定	现浇构件模板 天沟、挑沿悬挑构件	2.9633	887.01	2628.48
4-52	定	现浇构件模板 平板板厚10cm以外	1.44	334.53	481.72
4-49	定	现浇构件模板 有梁板厚10cm以外	745.08	420.93	313626.52
4-48	定	现浇构件模板 有梁板厚10cm以内	27.35	466.58	12760.96
4-43	定	现浇构件模板 混凝土直形墙,墙厚20cm以内	57.8	451.22	26080.52
4-44	定	现浇构件模板 混凝土直形墙,墙厚20cm以上	443.32	250.19	110914.23
4-39	定	现浇构件模板 圈过梁	23.97	406.29	9738.77
4-34	定	现浇构件模板 园形柱	28.8	753.11	21689.57
4-31	定	现浇构件模板 矩形柱断面周长1.8m以内	2	473.53	947.06
4-32	定	现浇构件模板 矩形柱断面周长1.8m以上	227.61	278.91	63482.71
4-35	定	现浇构件模板 构造柱	59.6125	254.75	15186.28
4-29	定	现浇构件模板 砼基础垫层	112.1826	45.27	5078.51
4-24	定	现浇构件模板 有梁式满堂基础	654.02	52.73	34486.47
4-23	定	现浇构件模板 无梁式满堂基础	11.1769	11.53	128.87

图2.33　模板子目

16-353	定	檐高20m(6层)以上塔式起重机施工,80m(24-25)内,塔吊基础铺拆	1	5692.11	5692.11
16-345	定	20m(6层)内塔式起重机施工,场外往返运输	1	9825.66	9825.66
16-346	定	20m(6层)内塔式起重机施工,安装拆卸	1	8971.67	8971.67

图2.34　大型机械进出场及安拆费

⑤完成垂直运输和脚手架的编制,如图2.35所示。

13-11 *2	换	满堂脚手架 满堂钢管架,增加层 子目乘以系数2		1.1061	527.13
13-10	定	满堂脚手架 满堂钢管架,基本层		1.1061	907.55
13-2	定	外脚手架 钢管架,24m以内		46.4633	1337.41
3		建筑工程垂直运输机械、超高降效		1	145751.19
14-21	定	20m(6层)以内塔式起重机施工 教学及办公用房,现浇框架		46.4633	3136.91

图2.35　脚手架及垂直运输费

⑥按照《陕西省建设工程工程量清单综合单价》要求对措施子目进行换算,方法同分部分项。

实战要求:按照上述操作步骤,完成措施项目的编制。

实战结果:参考第3章报表部分。

对于同个清单项下需套用多个定额子目的,需要将清单的单位修改为"项",如大型机械设备安拆费、大型机械设备进出场费、现浇混凝土模板使用费等。

2.6　调整人材机

通过本节学习,你将能够:

(1)调整定额工日;

(2)调整材料价格;

(3)增加甲供材;

(4)添加暂估材料。

1)业务分析

业务要求:调整人材机费用。

业务描述:

①按照招标文件规定,记取相应的人工费。

②材料价格按市场价调整。

③根据招标文件,编制甲供材料及暂估材料。

2)操作步骤

①在"人材机汇总"界面下,参照招标文件的要求对材料"市场价"进行调整,如图2.36所示。

	编码	类别	名称	规格型号	单位	数量	预算价	市场价
141	C01738	浆	石膏砂浆 1:2		m3	7.8007	260.84	260.84
142	C01749	浆	素水泥浆(掺建筑胶)—		m3	8.9518	733.8	733.8
143	C01802	配比	普通沥青砂浆 1:2:6		m3	0.1173	1078.18	1078.18
144	C01897	材	锥螺纹及连接套 Φ28		个	250.48	20.3	20.3
145	C01909	材	锥螺纹及连接套 Φ25		个	5575.2	17.3	17.3
146	C01911	材	聚苯板 30mm厚		m2	2693.5258	21.47	21.47
147	C01931	材	胶粘剂		kg	6517.0184	3	3
148	C01996	材	柴油		kg	4801.3248	5.57	5.57
149	C02132	商砼	商品砼 C15 32.5R		m3	365.2192	313	243.33
150	C02134	商砼	商品砼 C25 32.5R		m3	665.0713	339	268.33
151	C02135	商砼	商品砼 C30 32.5R		m3	758.019	357	283.33
152	C02136	商砼	商品砼 C35 32.5R		m3	0.81	373	313.33
153	C02145	商砼	抗渗商品砼 C30 P8 3[...]		m3	828.5251	368	293.33

图2.36　调整市场价

②按照招标文件的要求,对于甲供材料可以在供货方式处选择"完全甲供",如图2.37所示。

147	C01931	材	胶粘剂		kg	3	3	19551.06	0	0	3	0	0	自行采购
148	C01996	材	柴油		kg	5.57	5.57	25629.38	0	0	5.57	0	0	自行采购
149	C02132	商砼	商品砼 C15 32.5R		m3	313	243.33	88868.79	−69.67	−25444.82	243.33	0	0	
150	C02134	商砼	商品砼 C25 32.5R		m3	339	268.33	178458.58	−70.67	−47000.59	268.33	0	0	自行采购
151	C02135	商砼	商品砼 C30 32.5R		m3	357	283.33	214769.52	−73.67	−55843.26	283.33	0	0	部分甲供
152	C02136	商砼	商品砼 C35 32.5R		m3	373	313.33	253.8	−59.67	−48.33	313.33	0	0	甲定乙供
153	C02145	商砼	抗渗商品砼 C30 P8 32.		m3	368	293.33	243031.27	−74.67	−61865.97	293.33	0	0	完全甲供

图2.37　选择供货方式

③按照招标文件要求,对于暂估材料表中要求的暂估材料,可以在"人材机汇总"中将暂估材料选中,如图2.38所示。

92	C01210	材	塑钢窗		m2	0	☑	☑		0		☑
93	C01211	材	塑钢门		m2	0	☑	☑		0		☑
94	C01216	材	塑料窗纱		m2	0	☐	☑		0		☐
95	C01221	材	塑料管固定卡		个	0	☐	☑		0		☐
96	C01227	材	塑料排水管 DN100		m	0	☐	☑		0		☐

图2.38 选择是否暂估

程实战

实战要求:按上述操作步骤参照"陕西省2012年第3期市场价"完成人材机价格的调整;依据招标文件,完成甲供材料及暂估材料的编制。

实战结果:参考第3章报表部分。

识拓展

(1)市场价锁定

对于招标文件要求的如甲供材料表、暂估材料表中涉及的材料价格是不能进行调整的,为避免在调整其他材料价格时出现操作失误,可使用"市场价锁定"对修改后的材料价格进行锁定,如图2.39所示。

17	C00198	材	大白粉		kg	☐	☑		0		☐
18	C00201	材	大理石板		m2	☑	☑		0		☑
19	C00238	材	挡脚板		m3	☐	☑		1		☐

图2.39 锁定市场价

(2)显示对应子目

对于人材机汇总中出现材料名称异常或数量异常的情况,可直接右键单击相应材料,选择"显示相应子目",在分部分项中对材料进行修改,如图2.40所示。

	编码	类别	名称	规格型号	单位	数量	预算价	市场价
12	C00147	材	草袋子		片	107.5924	1.71	1.71
13	C00148	材	草袋子		m2	1910.3347	1.71	1.71
14	C00180	材	窗纱			2729	1.5	1.5
15	C00187	材	瓷片周长 1000mm以内			1012	80	80
16	C00194	材	粗砂			5.82	34.39	50
17	C00198	材	大白粉			0027	0.26	0.26
18	C00201	材	大理石板			234	230	230
19	C00238	材	挡脚板			0055	1341	1341
20	C00244	材	底座			3017	5	5
21	C00248	材	地脚			6288	1.5	1.5
22	C00257	材	电焊条(普通)			0419	5.35	7.2
23	C00271	材	垫木 60×60×60			4412	0.33	0.33
24	C00274	材	垫圈			6.92	0.03	0.03
25	C00275	材	垫铁		kg	0.4721	5	5

右键菜单:
- 显示对应子目
- 市场价存档
- 载入市场价
- 人材机无价差
- 部分甲供
- 批量修改
- 替换材料 Ctrl+B
- 页面显示列设置
- 其他 ▸

图2.40 显示对应子目

(3)市场价存档

对于同一个项目的多个标段,发包方会要求所有标段的材料价保持一致,在调整好一个标段的材料价后,可利用"市场价存档"将此材料价运用到其他标段,如图 2.41 所示。

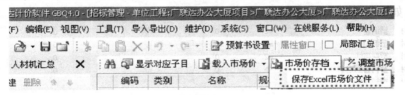

图 2.41 保存市场价

在其他标段的"人材机汇总"中使用该市场价文件时,根据陕西定额站发布的最新市场信息价,手动输入,如图 2.42 所示。

C00026	材	生石灰		kg	1872.4116	0.18	0.26	486.83	0.08
C00030	材	白水泥		kg	626.4928	0.53	0.53	332.04	0
C00043	材	半圆头螺栓		个	1371.2762	1.42	1.42	1947.21	0
C00054	材	标准砖		千块	13.8026	230	450	6211.17	220

图 2.42 载入市场价文件

(4)批量修改人材机属性

在修改材料供货方式、市场价锁定、主要材料类别等材料属性时,可同时选中多个,单击鼠标右键,选择"批量修改",如图 2.43 所示。在弹出的"批量设置人材机属性"对话框中,选择需要修改的人材机属性内容进行修改,如图 2.44 所示。

11	C00145	材	草板纸 80#		张	4337.6432	1.3	1.3
12	C00147	材	草袋子		片	107.5924	1.71	1.71
13	C00148	材	草袋子		m2	1910.3347	1.71	1.71
14	C00180	材	窗纱				1.5	1.5
15	C00187	材	瓷片周长 1000mm以内				80	80
16	C00194	材	粗砂				34.39	50
17	C00198	材	大白粉				0.26	0.26
18	C00201	材	大理石板				230	230
19	C00238	材	挡脚板				1341	1341
20	C00244	材	底座				5	5
21	C00248	材	地脚				1.5	1.5
22	C00257	材	电焊条(普通)				5.35	7.2
23	C00271	材	垫木 60×60×60				0.33	0.33
24	C00274	材	垫圈				0.03	0.03
25	C00275	材	垫铁		kg	0.4721	5	5
26	C00277	材	吊筋		kg	532.2368	29.93	29.93
27	C00284	材	豆包布(白布) 0.9m宽		m	11.6307	2	2

右键菜单项:
显示对应子目
市场价存档
载入市场价
人材机无价差
部分甲供
批量修改
替换材料 Ctrl+B
页面显示列设置
其他

图 2.43 批量修改

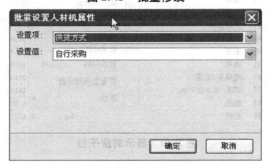

批量设置人材机属性

设置项: 供货方式
设置值: 自行采购

确定   取消

图 2.44 批量设置人材机属性

2.7　计取规费和税金

通过本节学习,你将能够:

(1)载入模板;

(2)修改报表样式;

(3)调整规费。

1)业务分析

业务要求:调整报表使其符合招标文件要求。

业务描述:

①根据施工地点选择相应的模板并载入。

②在预览报表状态下对报表格式及相关内容进行调整和修改,使其符合招标文件的要求。

2)操作步骤

①在"费用汇总"界面,根据招标文件中的项目施工地点,选择正确的模板进行载入。本工程施工地点在某市内,所以应选择"人工费按市场价取费",如图2.45所示。

	序号	费用代号	名称	计算基数	基数说明	费率	费用类型	备注
1	1	A	分部分项工程费	FBFXHJ	分部分项合计		分部分项工程	
2	2	B	措施项目费	CSXMHJ	措施项目合计		措施项目费	
3	2.1	E	其中:安全文明施	AQWMSGF	安全及文明施		安全及文明施	
4	3	C	其他项目费	QTXMHJ	其他项目合计		其他项目费	
5	4	D	规费	D1+D2+D3+D4+	养老保险+失		规费	
6	4.1		社会保障费	D1+D2+D3+D4+	养老保险+失		社会保障费	
7	4.1	D1	养老保险	A+B+C	分部分项工程	3.55	养老保险	
8	4.1	D2	失业保险	A+B+C	分部分项工程	0.15	失业保险	
9	4.1	D3	医疗保险	A+B+C	分部分项工程	0.45	医疗保险	
10	4.1	D4	工伤保险	A+B+C	分部分项工程	0.07	工伤保险	
11	4.1	D5	残疾人就业保险	A+B+C	分部分项工程	0.04	残疾人就业保	
12	4.1	D6	女工生育保险	A+B+C	分部分项工程	0.04	女工生育保险	
13	4.2	D7	住房公积金	A+B+C	分部分项工程	0.3	住房公积金	
14	4.3	D8	危险作业意外伤害	A+B+C	分部分项工程	0.07	危险作业意外	
15	5	F	不含税单位工程造	A+B+C+D	分部分项工程		不含税单位工	
16	6	G	税金	A+B+C+D	分部分项工程	3.41	税金	市区:3.41%
17	7	H	含税单位工程造价	F+G	不含税单位工		单位工程造价	

图 2.45　载入模板

②进入"报表"界面,选择"招标最高限价",单击需要输出的报表,单击右键选择"报表设计",如图2.46所示;或直接单击"报表设计器",进入"报表设计器"界面(见图2.47),调整列宽及行距。

③单击文件,选择"报表预览",如需修改,关闭预览,重新调整。预览结果如图2.48所示。

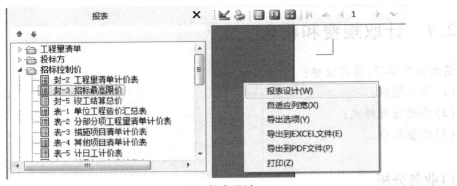

图2.46 报表设计

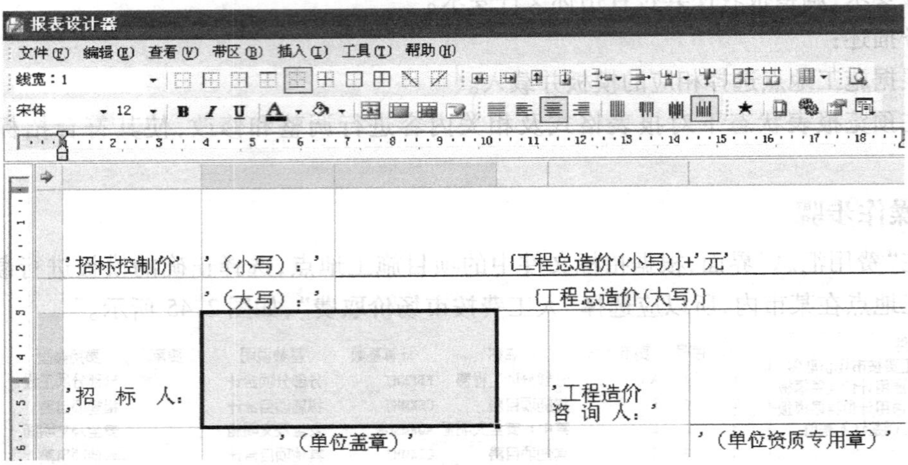

图2.47 报表设计器

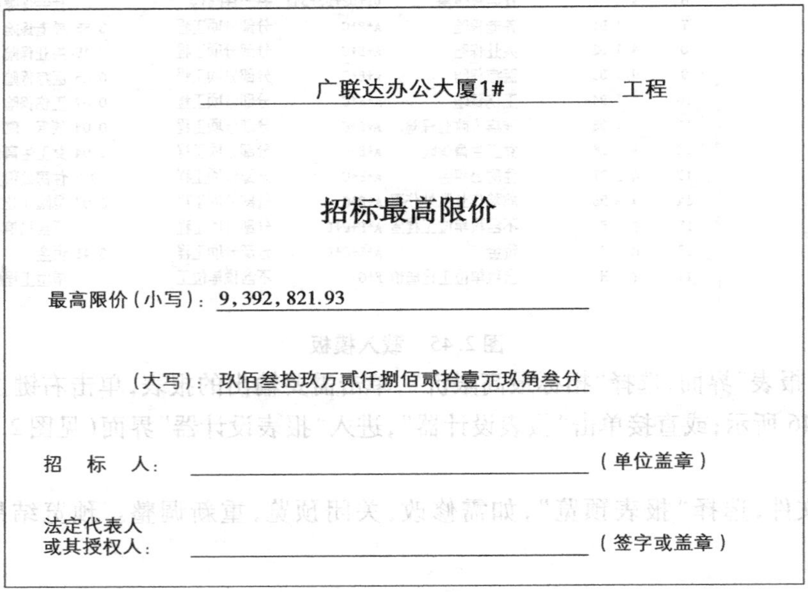

广联达办公大厦1#   工程

招标最高限价

最高限价（小写）：**9,392,821.93**

（大写）：玖佰叁拾玖万贰仟捌佰贰拾壹元玖角叁分

招 标 人：_____ （单位盖章）

法定代表人
或其授权人：_____ （签字或盖章）

图2.48 报表预览

实战要求:依据招标文件要求计取的规费和税金,按上述操作方法进行报表的调整。

调整规费

如果招标文件对规费有特别要求的,可在规费的费率一栏中进行调整,如图2.49所示。本项目没有特别要求,按软件默认设置即可。

	名称	费率值(%)
1	养老保险(劳保统筹基金)	3.55
2	失业保险	0.15
3	医疗保险	0.45
4	工伤保险	0.07
5	残疾就业保险	0.04
6	生育保险	0.04
7	住房公积金	0.3
8	意外伤害保险	0.07

定额库:陕西省建筑装饰工程价目表(2009)
- 计价程序类
  - 规费(不分专业)
  - 建筑工程
  - 装饰工程
  - 安装工程
  - 市政工程
  - 园林工程
  - 税金
- 措施项目类
  - 安全及文明施工措施费(适用于各专业且同

图2.49 调整规费率

2.8 统一调整人材机及输出格式

通过本节学习,你将能够:
(1)调整多个工程人材机;
(2)调整输出格式。

1)业务分析

业务要求:统一调整人材机和输出格式。

业务描述:

①将1#工程数据导入2#工程;

②统一调整1#和2#的人材机;

③统一调整1#和2#的规费。

在项目结构中对两个标段的投标文件统一调整人材机和输出格式。

2)操作步骤

①在项目管理界面,在2#项目导入1#工程数据。假设在甲方要求下需调整混凝土及钢筋市场价格,可运用常用功能中的"统一调整人材机"进行调整,如图2.50所示。其中人材机的调整方法及功能可参照2.5节的操作方法,此处不再做重复讲解。

②统一调整取费。根据招标文件要求可同时调整两个标段的取费,在项目管理界面下运用常用功能中的"统一调整取费"进行调整,如图2.51所示。

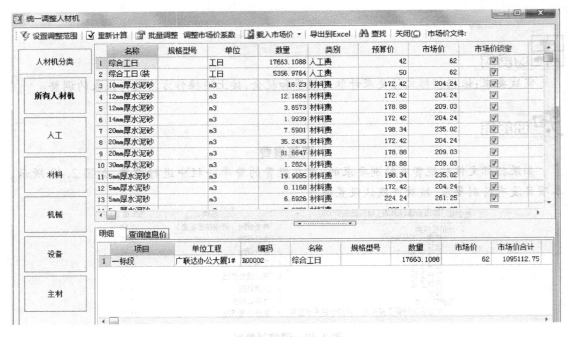

图 2.50 统一调整人材机

图 2.51 统一调整取费

实战要求:按上述操作步骤根据招标文件要求对甲供材料及暂估材料进行调整并调整报表格式。

实战结果:参考第3章报表部分。

知识拓展

（1）检查项目编码

所有标段的数据整理完毕之后，可运用"检查项目编码"对项目编码进行校核，如图 2.52 所示。如果检查结果中提示有重复的项目编码，可"统一调整项目清单编码"。

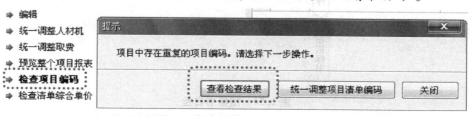

图 2.52　检查项目编码

（2）检查清单综合单价

调整好所有的人材机信息之后，可运用常用功能中的"检查清单综合单价"，对清单综合单价进行检查，如图 2.53 所示。

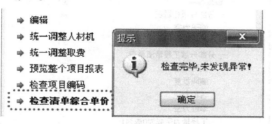

图 2.53　检查清单综合单价

2.9　生成电子招标文件

通过本节学习，你将能够：

（1）运用"招标书自检"并修改；

（2）运用软件生成招标书。

1）业务分析

业务要求：生成招标书。

业务描述：

①对招标书自检。

②生成招标书。

2）操作步骤

①在项目结构管理界面进入"发布招标书"，选择"招标书自检"，如图 2.54 所示。

图 2.54　招标书自检

②在"设置检查项"界面选择需要检查的项目名称,如图 2.55 所示。

图 2.55　设置检查项

③根据生成的"标书检查报告"对单位工程中的内容进行修改,标书检查报告如图 2.56 所示。

标书检查报告

广联达办公大厦广联达办公大厦1#

行号	检查的内容
分部分项工程量清单表	

图 2.56　标书检查报告

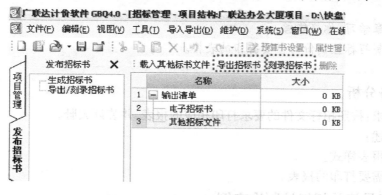

在生成招标书之后,若需要单独备份此份标书,可运用"导出招标书"对标书进行单独备份;若需要电子版标书,可导出后运用"刻录招标书"生成电子版进行备份,如图 2.57 所示。

图 2.57 导出、刻录招标书

第3章 报表实例

通过本章学习,你将能够:
熟悉编制招标控制价时需要打印的表格。

1）业务分析
业务要求:按照招标文件的要求打印相应的报表,并装订成册。
业务描述:
①检查报表样式。
②设定需要打印的报表。

2）工程量清单招标控制价实例

<u>　　广联达办公大厦1#　　</u>工程

招标最高限价

最高限价(小写)：<u>　　9,392,821.93　　　　　　　　　</u>

　　　(大写)：<u>　玖佰叁拾玖万贰仟捌佰贰拾壹元玖角叁分　</u>

招　　标　　人：<u>　　　　　　　　　　　　　　　</u>（单位盖章）

法 定 代 表 人

或 其 授 权 人：<u>　　　　　　　　　　　　　　　</u>（签字或盖章）

工程造价咨询

或招标代理人：<u>　　　　　　　　　　　　　　　</u>（单位盖章）

法 定 代 表 人

或 其 授 权 人：<u>　　　　　　　　　　　　　　　</u>（签字或盖章）

编　　制　　人：<u>　　　　　　　　　　　　　　　</u>（造价人员签字盖专用章）

复　　核　　人：<u>　　　　　　　　　　　　　　　</u>（造价人员签字盖专用章）

　　　　　　　　　编制时间：　　　年　月　日

　　　　　　　　　复核时间：　　　年　月　日

封-3

单位工程造价汇总表

工程名称:广联达办公大厦1#　　　　专业:土建工程　　　　第1页 共1页

序号	项目名称	造价(元)
1	分部分项工程费	6031217.05
2	措施项目费	1241816.74
2.1	其中:安全文明施工措施费	317685.63
3	其他项目费	1404800
4	规费	405254.82
5	不含税单位工程造价	9083088.61
6	税金	309733.32
7	含税单位工程造价	9392821.93
	合计	9392821.93

表-1

分部分项工程量清单计价表

工程名称:广联达办公大厦1#　　　　　　专业:土建工程　　　　　　

序号	项目编码	项目名称	计量单位	工程数量	金额(元)	
					综合单价	合价
	A	建筑工程				
	A.1	A.1　土(石)方工程				
1	010101001001	平整场地 1.土壤类别:一般土 2.工作内容:标高在±300mm以内的挖填找平	m²	1085.72	4.2	4560.02
2	010101003001	挖基础土方 1.土壤类别:一般土 2.挖土类型:大开挖 3.挖土深度:5m以内 4.运距:1km以内场区调配	m³	4682.27	20.07	93973.16
3	010101003002	挖基础土方 1.土壤类别:一般土 2.挖土类型:挖地坑 3.部位:电梯基坑和集水坑 4.挖土深度:1.5m以内 5.运距:1km内场区调配	m³	26.51	36.57	969.47
4	010101003003	挖基础土方 1.土壤类别:一般土 2.挖土类型:大开挖土方 3.部位:坡道 4.挖土平均深度:3m以内 5.运距:1km以内场区内调配	m³	61.34	34.96	2144.45
5	010101003004	基底钎探	m³	1062.68	10.06	10690.56
6	010103001001	土(石)方回填 1.土质要求:素土 2.密实度要求:夯填 3.运距:1km以内场区内调配	m³	216.74	116.52	25254.54
7	010103001002	土(石)方回填 1.土质要求:素土 2.密实度要求:夯填 3.部位:房心回填	m³	542.82	28.42	15426.94
8	010103001003	土(石)方回填 1.土质要求:2:8灰土 2.密实度要求:夯填	m³	336.93	90.99	30657.26
		分部小计				183676.4
		本页合计				183676.4

表-2

分部分项工程量清单计价表

工程名称:广联达办公大厦1#　　　　专业:土建工程

序号	项目编码	项目名称	计量单位	工程数量	金额(元) 综合单价	金额(元) 合价
	A.3	A.3　砌筑工程				
9	010302001001	实心砖墙 1.砖品种、规格、强度等级:标准粘土砖 2.部位:女儿墙 3.墙厚:240mm 4.砂浆强度等级、配合比:M5 混合砂浆	m³	22.17	419.94	9310.07
10	010302001002	实心砖墙 1.砖品种、规格、强度等级:标准粘土砖 2.部位:女儿墙 3.墙厚:240mm 4.砂浆强度等级、配合比:M5 混合砂浆 5.墙体类型:弧形墙	m³	3.73	435.69	1625.12
11	010304001001	空心砖墙、砌块墙 1.墙厚:200mm 2.空心砖、砌块品种、规格、强度等级:加气混凝土砌块 3.砂浆强度等级、配合比:M10 混合砂浆	m³	379.94	349.85	132922.01
12	010304001002	空心砖墙、砌块墙 1.墙厚:250mm 2.空心砖、砌块品种、规格、强度等级:加气混凝土砌块 3.砂浆强度等级、配合比:M10 混合砂浆	m³	133.04	350.87	46679.74
13	010304001003	空心砖墙、砌块墙 1.空心砖、砌块品种、规格、强度等级:加气混凝土砌块 2.墙厚:250mm 3.砂浆强度等级、配合比:M10 混合砂浆 4.墙体类型:弧形墙	m³	18.23	350.87	6396.36
14	010304001004	空心砖墙、砌块墙 1.墙厚:120mm 2.空心砖、砌块品种、规格、强度等级:加气混凝土砌块 3.砂浆强度等级、配合比:M10 混合砂浆	m³	0.67	345.65	231.59
15	010304001005	空心砖墙、砌块墙 1.墙厚:100mm 2.空心砖、砌块品种、规格、强度等级:加气混凝土砌块 3.砂浆强度等级、配合比:M10 混合砂浆	m³	10.3	350.54	3610.56
		分部小计				200775.45
		本页合计				200775.45

表-2

分部分项工程量清单计价表

工程名称:广联达办公大厦1# 　　　　专业:土建工程 　　　　第3页 共16页

序号	项目编码	项目名称	计量单位	工程数量	金额(元)	
					综合单价	合价
	A.4	A.4　混凝土及钢筋混凝土工程				
16	010401003001	满堂基础 1.混凝土强度等级:C20 2.混凝土拌和料要求:商品混凝土 3.基础类型:无梁式满堂基础 4.抗渗等级:P8 5.部位:坡道	m³	11.18	326.53	3650.61
17	010401003002	满堂基础 1.混凝土强度等级:C30 2.混凝土拌和料要求:商品混凝土 3.基础类型:有梁式满堂基础 4.抗渗等级:P8	m³	642.22	364.73	234236.9
18	010401006001	垫层 1.混凝土强度等级:C15 2.混凝土拌和料要求:商品混凝土	m³	112.18	310.28	34807.21
19	010402001001	构造柱 1.混凝土强度等级:C25 2.混凝土拌和料要求:商品混凝土	m³	59.61	337.51	20118.97
20	010402001002	矩形柱 1.柱截面尺寸:截面周长在1.8m以上 2.混凝土强度等级:C30 3.混凝土拌和料要求:商品混凝土	m³	127.55	353.83	45131.02
21	010402001003	矩形柱 1.柱截面尺寸:截面周长在1.8m以上 2.混凝土强度等级:C25 3.混凝土拌和料要求:商品混凝土	m³	120.32	337.49	40606.8
22	010402001005	矩形柱 1.柱截面尺寸:截面周长在1.8m以上 2.混凝土强度等级:C30 3.混凝土拌和料要求:商品混凝土 4.抗渗等级:P8	m³	29.74	364.74	10847.37
23	010402001006	矩形柱 1.柱截面尺寸:截面周长在1.2m以内 2.混凝土强度等级:C30 3.混凝土拌和料要求:商品混凝土 4.部位:楼梯间	m³	1.21	352.38	426.38
		本页合计				389825.26

表-2

分部分项工程量清单计价表

工程名称:广联达办公大厦1#　　　　专业:土建工程　　　　第4页 共16页

序号	项目编码	项目名称	计量单位	工程数量	综合单价	合价
					金额(元)	
24	010402001007	矩形柱 1. 柱截面尺寸:截面周长在1.2m以内 2. 混凝土强度等级:C25 3. 混凝土拌和料要求:商品混凝土 4. 部位:楼梯间	m³	0.8	335.38	268.3
25	010402002001	圆柱 1. 柱直径:0.5m以内 2. 混凝土强度等级:C30 3. 混凝土拌和料要求:商品混凝土 4. 部位:地下一层 5. 抗渗等级:P8	m³	8.17	364.65	2979.19
26	010402002002	圆柱 1. 柱直径:0.5m以内 2. 混凝土强度等级:C30 3. 混凝土拌和料要求:商品混凝土	m³	7.66	353.72	2709.5
27	010402002003	圆柱 1. 柱直径:0.5m以上 2. 混凝土强度等级:C30 3. 混凝土拌和料要求:商品混凝土	m³	12.97	353.7	4587.49
28	010403004001	圈梁 1. 混凝土强度等级:C25 2. 混凝土拌和料要求:商品混凝土	m³	21.9	337.48	7390.81
29	010403004002	圈梁 1. 混凝土强度等级:C25(20) 2. 混凝土拌和料要求:商品混凝土 3. 类型:弧形圈梁	m³	1.8	338.42	609.16
30	010403005001	过梁 1. 混凝土强度等级:C25 2. 混凝土拌和料要求:商品混凝土	m³	0.27	334.62	90.35
31	010404001001	直形墙 1. 混凝土强度等级:C30 2. 混凝土拌和料要求:商品混凝土 3. 部位:地下室 4. 抗渗等级:P8 5. 墙厚:300mm以内	m³	134.75	364.73	49147.37
		本页合计				67782.17

表-2

分部分项工程量清单计价表

工程名称:广联达办公大厦1#　　　　　　专业:土建工程　　　　　　第5页 共16页

序号	项目编码	项目名称	计量单位	工程数量	金额(元)	
					综合单价	合价
32	010404001002	直形墙 1.混凝土强度等级:C25 2.混凝土拌和料要求:商品混凝土 3.墙厚:300mm 以内	m³	86.06	337.51	29046.11
33	010404001003	直形墙 1.混凝土强度等级:C30 2.混凝土拌和料要求:商品混凝土 3.墙厚:200mm 以内 4.部位:坡道处 5.抗渗等级:P8	m³	6.06	364.73	2210.26
34	010404001004	直形墙 1.混凝土强度等级:C30 2.混凝土拌和料要求:商品混凝土 3.墙厚:300mm 以内 4.部位:坡道处 5.抗渗等级:P8	m³	3.46	365.04	1263.04
35	010404001005	直形墙 1.部位:电梯井壁 2.墙厚:200mm 以内 3.混凝土强度等级:C30 4.混凝土拌和料要求:商品混凝土	m³	28.62	353.83	10126.61
36	010404001006	直形墙 1.部位:电梯井壁 2.墙厚:300mm 以内 3.混凝土强度等级:C30 4.混凝土拌和料要求:商品混凝土	m³	9.52	353.69	3367.13
37	010404001007	直形墙 1.混凝土强度等级:C25 2.混凝土拌和料要求:商品混凝土 3.部位:电梯井壁 4.墙厚:300mm 以内	m³	8.63	337.63	2913.75
38	010404001008	直形墙 1.墙厚:300mm 以内 2.混凝土强度等级:C30 3.混凝土拌和料要求:商品混凝土	m³	101.76	353.82	36004.72
		本页合计				84931.62

表-2

分部分项工程量清单计价表

工程名称:广联达办公大厦1#　　　　　专业:土建工程　　　　　第 6 页 共 16 页

序号	项目编码	项目名称	计量单位	工程数量	综合单价	合价
39	010404001009	直形墙 1.混凝土强度等级:C25 2.混凝土拌和料要求:商品混凝土 3.部位:电梯井壁 4.墙厚:200mm 以内	m³	23.12	337.49	7802.77
40	010405001001	有梁板 1.板厚:100mm 以内 2.混凝土强度等级:C30 3.混凝土拌和料要求:商品混凝土	m³	26.54	353.81	9390.12
41	010405001002	有梁板 1.板厚:100mm 以上 2.混凝土强度等级:C30 3.混凝土拌和料要求:商品混凝土	m³	435.06	353.83	153937.28
42	010405001003	有梁板 1.混凝土强度等级:C30 2.混凝土拌和料要求:商品混凝土 3.板厚:100mm 以上 4.类型:弧形有梁板	m³	6.03	353.91	2134.08
43	010405001004	有梁板 1.混凝土强度等级:C25 2.混凝土拌和料要求:商品混凝土 3.板厚:100mm 以上	m³	275.73	337.5	93058.88
44	010405001005	有梁板 1.混凝土强度等级:C25 2.混凝土拌和料要求:商品混凝土 3.板厚:100mm 以上 4.类型:弧形有梁板	m³	12.06	337.57	4071.09
45	010405001007	有梁板 1.混凝土强度等级:C25 2.混凝土拌和料要求:商品混凝土 3.部位:坡屋面 4.板厚:100mm 以上	m³	7.73	337.41	2608.18
46	010405003001	平板 1.混凝土强度等级:C25(20) 2.混凝土拌和料要求:商品混凝土 3.部位:电梯井 4.板厚:100mm 以上	m³	1.2	337.91	405.49
		本页合计				273407.89

表-2

分部分项工程量清单计价表

工程名称:广联达办公大厦1#　　　　　专业:土建工程　　　　　

序号	项目编码	项目名称	计量单位	工程数量	金额(元)	
					综合单价	合价
47	010405003002	平板 1.混凝土强度等级:C25 2.混凝土拌和料要求:商品混凝土 3.部位:电梯井 4.板厚:100mm 以上 5.部位:排烟风道	m³	0.24	343.72	82.49
48	010405007001	天沟、挑檐板 1.混凝土强度等级:C25 2.混凝土拌和料要求:商品混凝土 3.板厚:100mm 以上	m³	2.96	337.88	1000.12
49	010405008001	雨篷、阳台板 1.混凝土强度等级:C25 2.混凝土拌和料要求:商品混凝土	m³	1.87	337.74	631.57
50	010406001001	直形楼梯 1.混凝土强度等级:C25 2.混凝土拌和料要求:商品混凝土	m²	114.74	91.66	10517.07
51	010407001001	其他构件 1.混凝土强度等级:C25 2.混凝土拌和料要求:商品混凝土 3.部位:女儿墙压顶(直形)	m³	6.6	337.36	2226.58
52	010407001002	其他构件 1.混凝土强度等级:C25 2.混凝土拌和料要求:商品混凝土 3.部位:女儿墙压顶(弧形)	m³	2.15	337.95	726.59
53	010407001003	其他构件 门槛	m³	0.19	337.47	64.12
54	010407002001	散水 1.60 厚 C15 混凝土,面上加 5 厚 1:1水泥 　砂浆随打随抹光 2.150 厚 3:7灰土 3.素土夯实,向外坡4% 4.沿外墙皮设通缝,每隔 8m 设伸缩缝, 　内填沥青砂浆	m²	97.74	56.53	5525.24
55	010407002002	坡道 1.200 厚 C25 混凝土 2.3 厚两层 SBS 改性沥青 3.100 厚 C15 混凝土垫层	m²	55.88	34.51	1928.42
		本页合计				22702.2

表-2

分部分项工程量清单计价表

工程名称:广联达办公大厦1#　　　　　　专业:土建工程　　　　　　

序号	项目编码	项目名称	计量单位	工程数量	综合单价	合价
					金额(元)	
56	010407003001	电缆沟、地沟 1.混凝土强度等级:C20 2.混凝土拌和料要求:商品混凝土 3.部位及详细尺寸:见图纸	m	1.39	326.61	453.99
57	010408001001	后浇带 1.混凝土强度等级:C35 2.混凝土拌和料要求:商品混凝土 3.部位:100mm 以内有梁板	m³	0.81	384.61	311.53
58	010408001002	后浇带 1.混凝土强度等级:C35 2.混凝土拌和料要求:商品混凝土 3.部位:100mm 以上有梁板	m³	8.47	397.19	3364.2
59	010408001003	后浇带 1.混凝土强度等级:C35(20) 2.混凝土拌和料要求:商品混凝土 3.部位:有梁式满堂基础 4.抗渗等级:P8	m³	12.85	397.41	5106.72
60	010408001004	后浇带 1.混凝土强度等级:C35(20) 2.混凝土拌和料要求:商品混凝土 3.部位:混凝土墙 4.抗渗等级:P8	m³	5.35	397.59	2127.11
61	010412008001	沟盖板、井盖板、井圈	m³(块、套)	0.17	155.76	26.48
62	010416001001	现浇混凝土钢筋(及砌体加固钢筋) 10 以内一级钢筋	t	3.808	6300.81	23993.48
63	010416001002	现浇混凝土钢筋不绑扎: 一级钢筋 φ10 以内的	t	85.483	5937.23	507532.23
64	010416001003	现浇混凝土钢筋 二级钢筋综合	t	296.648	5641.45	1673524.86
65	010416001004	现浇混凝土钢筋 三级钢筋综合	t	0.666	5641.44	3757.2
66	010416001005	现浇混凝土钢筋接头 锥螺纹接头 φ25 以内	t	1	171936.96	171936.96
67	010416001006	现浇混凝土钢筋 锥螺纹接头 φ25 以上	t	1	8895.52	8895.52
68	010417002001	预埋铁件	t	0.475	8686.67	4126.17
		分部小计				3243805.59
		本页合计				2405156.45

表-2

分部分项工程量清单计价表

工程名称:广联达办公大厦1#　　　　　　专业:土建工程　　　　　　第 9 页 共 16 页

序号	项目编码	项目名称	计量单位	工程数量	金额(元)	
					综合单价	合价
	A.7	A.7　屋面及防水工程				
69	010702001001	屋面 1. 防水层:1.2厚合成高分子材料防水卷材两道 2. 找平层:25厚1:3水泥砂浆找平层 3. 找坡层:1:6水泥焦渣找坡最薄处30厚 4. 部位:屋面2、屋面3	m²	144.98	77.64	11256.25
70	010702001001	屋面 1. 防水层:1.5厚聚氨酯涂膜防水层 2. 找平层:25厚1:3水泥砂浆找平层 3. 找坡层:1:6水泥焦渣找坡最薄处30厚 4. 部位:屋面2、屋面3	m²	118.35	55.99	6626.42
71	010702001002	屋面 1. 保护层:8~10厚600×600防滑地砖铺平拍实,缝宽5~8,1:1水泥砂浆填缝 2. 找平层:25厚1:3水泥砂浆加建筑胶找平层 3. 防水层:刷基层处理剂后,1.5厚SBS高聚物改性沥青防水卷材二道 4. 保温层:30厚聚苯乙烯泡沫塑料板 5. 找坡层:1:6水泥焦渣找坡按最薄处30厚 6. 部位:屋面1(铺块材上人屋面)	m²	753.55	216.82	163384.71
72	010702004001	屋面排水管φ100 UPVC φ100	m	136.2	28.24	3846.29
73	010703001001	卷材防水 1. 3厚两层SBS改性沥青防水 2. 部位:坡道处	m²	58.62	53.84	3156.1
74	010703001002	地下室底板防水 1. 50厚C20细石混凝土保护层 2. 4厚SBS卷材	m²	1079.33	82.24	88764.1
75	010703001003	地下室侧壁防水 1. 4厚SBS卷材 2. 30厚聚苯乙烯泡沫板保护层,建筑胶粘贴	m²	723.43	205.96	148997.64
		本页合计				426031.51

表-2

分部分项工程量清单计价表

工程名称:广联达办公大厦1#　　　　　专业:土建工程　　　　　第 10 页 共 16 页

序号	项目编码	项目名称	计量单位	工程数量	综合单价	合价
76	010703002002	烟道顶板防水 1.1:3水泥砂浆找平 2.1.5厚聚氨酯涂膜防水层	m²	4.07	52.85	215.1
77	010703002003	风井外墙面防水 1.1:3水泥砂浆找平 2.1.5厚聚氨酯涂膜防水层	m²	6.19	52.85	327.14
		分部小计				426573.75
	A.8	A.8　防腐、隔热、保温工程				
78	010803003001	保温隔热墙 外墙外侧做40厚聚苯板保温	m²	2061.87	49.41	101877
		分部小计				101877
	B	装饰装修工程				
	B.1	B.1　楼地面工程				
79	020101001001	水泥砂浆楼地面 部位:管井	m²	35.69	14.03	500.73
80	020101001002	水泥砂浆楼地面 1.20厚1:2水泥砂浆抹面压光 2.素水泥浆结合层一遍 3.80厚C15混凝土 4.部位:地面2	m²	342.69	38.51	13196.99
81	020101003001	细石混凝土楼地面 1.30厚C20细石混凝土随打随抹光 2.素水泥浆结合层一遍 3.80厚C15混凝土 4.部位:地面1	m²	489.46	51.57	25241.45
82	020102001001	石材楼地面 1.20厚大理石板铺实拍平,水泥浆擦缝 2.30厚1:4干硬性水泥砂浆 3.素水泥浆结合层一遍 4.部位:楼面3	m²	2350.92	274.99	646479.49
83	020102001002	石材楼地面(台阶平台) 1.20~25厚花岗岩,水泥浆擦缝 2.30厚1:4干硬性水泥砂浆 3.素水泥浆结合层一遍 4.60厚C15混凝土垫层 5.300厚3:7灰土 6.素土夯实 7.部位:台阶平台	m²	146.33	632.32	92527.39
		本页合计				880365.29

表-2

分部分项工程量清单计价表

工程名称:广联达办公大厦1#　　　　专业:土建工程　　　　第 11 页 共 16 页

序号	项目编码	项目名称	计量单位	工程数量	金额(元)	
					综合单价	合价
84	020102002001	块料楼地面 1.8～10 厚地砖铺实拍平,水泥浆擦缝或 　 1:1水泥砂浆填缝 2.5 厚1:2.5 水泥砂浆(掺建筑胶) 3.20 厚1:3水泥砂浆(掺建筑胶) 4.刷基层处理剂一遍 5.选用 400×400 防滑地砖 6.80 厚 C15 混凝土 7.部位:地面 3(防滑地砖楼地面)	m²	46.81	143.49	6716.77
85	020102002002	块料楼地面 1.8～10 厚地砖铺实拍平,水泥浆擦缝或 　 1:1水泥砂浆填缝 2.5 厚1:2.5 水泥砂浆 3.20 厚1:3水泥砂浆 4.素水泥浆结合层一遍 5.部位:楼面1(防滑地砖地面) 6.选用 800×800 防滑地砖	m²	362.24	131.94	47793.95
86	020102002003	块料楼地面 1.8～10 厚地砖铺实拍平,水泥浆擦缝或 　 1:1水泥砂浆填缝 2.5 厚1:2.5 水泥砂浆粘结层 3.20 厚1:3干硬性水泥砂浆结合层 4.1.5 厚聚氨酯防水涂料,面上撒黄砂, 　 四周上翻150 高 5.刷基层处理剂一遍 6.20 厚1:3水泥砂浆找平 7.50 厚1:3水泥砂浆找坡层,最薄处20 　 厚,坡向地漏,一次抹平 8.选用 400×400 防滑地砖 9.部位:楼面2 防滑地砖楼地面	m²	196.7	187.22	36826.17
87	020105001001	水泥砂浆踢脚线 1.刷建筑胶素水泥浆一遍,配合比为建 　 筑胶:水 =1:4 2.10 厚1:3水泥砂浆打底 3.8 厚1:2.5 水泥砂浆抹面压光 4.高度为100mm 5.踢脚1(水泥砂浆踢脚)	m²	52.45	28.08	1472.8
		本页合计				92809.69

表-2

分部分项工程量清单计价表

工程名称:广联达办公大厦1#　　　　　专业:土建工程　　　　　第 12 页 共 16 页

序号	项目编码	项目名称	计量单位	工程数量	综合单价	合价
88	020105002001	石材踢脚线 1.刷建筑胶素水泥浆一遍,配合比为建筑胶:水=1:4 2.8 厚 1:3 水泥砂浆打底 3.8 厚 1:2 水泥砂浆加水重 20% 建筑胶镶贴 4.10 厚大理石板,水泥浆擦缝 5.高度为 100mm,选用 800×100 深色大理石 6.踢脚 3(大理石踢脚)	m²	133.61	287.42	38402.19
89	020105003001	块料踢脚线 1.刷建筑胶素水泥浆一遍,配合比为建筑胶:水=1:4 2.12 厚 1:3 水泥砂浆打底 3.5 厚水泥砂浆结合层 4.6~10 厚面砖,水泥浆擦缝 5.高度为 100mm,选用 400×100 深色地砖 6.踢脚 2(地板砖踢脚)	m²	50.77	98.6	5005.92
90	020106002001	块料楼梯面层 1.8~10 厚地砖铺实拍平,水泥浆擦缝或 1:1 水泥砂浆填缝 2.5 厚 1:2.5 水泥砂浆 3.20 厚 1:3 水泥砂浆 4.素水泥浆结合层一遍 5.钢筋混凝土楼梯 6.选用 800×800 防滑地砖	m²	112.54	152.21	17129.71
91	020107001001	金属扶手带栏杆、栏板 部位:楼梯、大堂、窗户	m	114.07	40.87	4662.04
92	020108001001	石材台阶面 1.20~25 厚石质花岗岩踏步及踢脚板,水泥浆擦缝 2.30 厚 1:4 干硬性水泥砂浆 3.素水泥浆结合层一遍 4.混凝土台阶 5.300 厚 3:7 灰土 6.素土夯实	m²	28.6	803.83	22989.54
		分部小计				958945.14
		本页合计				88189.4

表-2

分部分项工程量清单计价表

工程名称:广联达办公大厦1#　　　　　　专业:土建工程　　　　　　

序号	项目编码	项目名称	计量单位	工程数量	金额(元)	
					综合单价	合价
	B.2	B.2　墙、柱面工程				
93	020201001001	墙面一般抹灰 1.10 厚 1:3 水泥砂浆 2.6 厚 1:2.5 水泥砂浆 3.基层墙体:混凝土墙 4.内墙	m²	1393.99	12.37	17243.66
94	020201001002	墙面一般抹灰 1.5 厚 1:2.5 水泥砂浆 2.5 厚 1:0.5:2.5 水泥石灰砂浆 3.8 厚 1:1:6 水泥石灰砂浆 4.基层墙体:加气混凝土墙 5.内墙	m²	3870.59	16.41	63516.38
95	020201001003	墙面一般抹灰 1.刷建筑素胶水泥浆一遍,配合比为建筑胶:水 = 1:4 2.12 厚 1:3 水泥砂浆打底 3.8 厚 1:2.5 水泥砂浆抹面 4.基层墙体:混凝土墙及砖墙 5.外墙23	m²	683.05	20.14	13756.63
96	020201001004	墙面一般抹灰 1.刷建筑素胶水泥浆一遍,配合比为建筑胶:水 = 1:4 2.6 厚 1:0.5:2.5 水泥石灰膏砂浆抹平 3.8 厚 1:1:6 水泥石灰砂浆 4.基层墙体:加气混凝土墙 5.外墙	m²	1312	20.29	26620.48
97	020202001001	柱面一般抹灰 1.素水泥砂浆一道 2.8 厚 1:2.5 水泥砂浆 3.12 厚 1:3 水泥砂浆	m²	170.47	21.41	3649.76
98	020202001002	柱面一般抹灰 1.12 厚 1:3 水泥砂浆 2.8 厚 1:2.5 水泥砂浆 3.部位:自行车库及首层门厅内圆柱面 4.选用内墙抹灰做法	m²	115.82	26.43	3061.12
		本页合计				127848.03

表-2

分部分项工程量清单计价表

工程名称:广联达办公大厦1#　　　　　专业:土建工程　　　　　

序号	项目编码	项目名称	计量单位	工程数量	综合单价	合价
					金额(元)	
99	020203001001	零星项目一般抹灰 1.6 厚 1:2.5 水泥砂浆 2.14 厚的 1:3 水泥砂浆 3.压顶	m²	117.89	49.99	5893.32
100	020203001002	零星项目一般抹灰 1.20 厚 1:2.5 防水水泥砂浆,分 3 次抹平,内掺3% 防水剂 2.部位:集水坑及截水沟内	m²	10.43	49.96	521.08
101	020204003001	块料墙面 1.刷建筑胶素水泥浆一遍,配合比为建筑胶:水 = 1:4 2.10 厚 1:3水泥砂浆打底压实抹平 3.刷素水泥浆一遍 4.5 厚 1:2建筑胶水泥砂浆镶贴 5.6～9 厚面砖,水泥浆擦缝 6.基层墙体:混凝土墙 7.选用内墙200×300 面砖	m²	222.16	117.5	26103.8
102	020204003002	块料墙面 1.刷建筑胶素水泥浆一遍,配合比为建筑胶:水 = 1:4 2.5 厚 1:2水泥砂浆打底压实抹平 3.刷素水泥浆一遍 4.6 厚 1:0.5:2.5 水泥石灰砂浆 5.8 厚 1:1:6水泥石灰砂浆 6.6～9 厚面砖,水泥浆擦缝 7.基层墙体:加气混凝土墙 8.选用内墙200×300 面砖	m²	1212.73	116.52	141307.3
		分部小计				301673.53
B.3		B.3　天棚工程				
103	020301001001	天棚抹灰 1.钢筋混凝土板底面清理干净,刷素水泥浆一道甩毛 2.5 厚 1:0.3:2.5 水泥石灰膏砂浆抹面找平 3.5 厚 1:0.3:3水泥石灰砂浆 4.表面喷刷涂料另选 5.涂料顶棚	m²	1541.81	14.07	21693.27
		本页合计				195518.77

表-2

分部分项工程量清单计价表

工程名称:广联达办公大厦1#　　　　　　专业:土建工程　　　　　　第 15 页 共 16 页

序号	项目编码	项目名称	计量单位	工程数量	金额(元) 综合单价	金额(元) 合价
104	020301001002	雨篷、挑檐抹灰 1.5 厚 1:2.5 水泥砂浆 2.5 厚的 1:3 水泥砂浆 3.部位:雨篷、飘窗板、挑檐	m²	16.45	15.39	253.17
105	020302001001	天棚吊顶(封闭式铝合金条板吊顶) 1.配套金属龙骨(龙骨由生产厂配套供应,安装按生产厂要求施工) 2.铝合金条型板 3.铝合金条板厚度 0.8mm 4.部位:吊顶1	m²	1649.61	99.32	163839.27
106	020302001002	天棚吊顶(铝合金 T 型暗龙骨,矿棉装饰板吊顶) 1.铝合金配套龙骨,主龙骨中距 900 ~ 1000mm,T 型龙骨中距 300mm 或 600mm,横撑中距 600mm 2.12 厚 592×592 开槽矿棉装饰板 3.部位:吊顶2	m²	1417.61	96.3	136515.84
		分部小计				322301.55
	B.4	B.4　门窗工程				
107	020401003001	实木装饰门 1.部位:M1、M2 2.类型:实木成品豪华装饰门(带框),含五金	m²	135.45	9.1	1232.6
108	020401006001	木质防火门 成品木质丙级防火门,含五金	m²	29.5	588.46	17359.57
109	020402005001	塑钢门 塑钢平开门,含玻璃、五金配件	m²	6.3	271.09	1707.87
110	020402007001	钢质防火门成品 钢质甲级防火门,含五金	m²	5.88	529.43	3113.05
111	020402007002	钢质防火门成品 钢质乙级防火门,含五金	m²	27.72	529.43	14675.8
112	020404005001	全玻门(带扇框) 玻璃推拉开门,含玻璃、五金配件	m²	6.3	46.49	292.89
113	020406007001	塑钢窗 塑钢平开窗、上悬窗,含玻璃及配件	m²	543.78	261.5	142198.47
114	020406007002	塑钢窗塑钢纱扇,含配件	m²	500.04	4.52	2260.18
		分部小计				182840.43
		本页合计				483448.71

表-2

分部分项工程量清单计价表

工程名称:广联达办公大厦1#　　　　　　专业:土建工程　　　　　　第16页 共16页

序号	项目编码	项目名称	计量单位	工程数量	综合单价	合价
	B.5	B.5　油漆、涂料、裱糊工程				
115	020506001001	抹灰面油漆 1.清理抹灰基层 2.刷乳胶漆漆一度 3.满刮腻子两道 4.乳胶漆两遍	m²	7098.33	11.01	78152.61
116	020506001002	抹灰面油漆 1.清理抹灰基层 2.满刮防水腻子 3.乳胶漆两遍	m²	1826.18	16.32	29803.26
117	020506002001	抹灰线条油漆 1.乳胶漆两遍 2.部位:压顶	m	181.73	4.36	792.34
		分部小计				108748.21
		补充分部				
		本页合计				108748.21
		合计				6031217.05

表-2

措施项目清单计价表

工程名称:广联达办公大厦1#　　　　　专业:土建工程　　　　　第1页 共1页

序号	项目名称	计量单位	工程数量	金额(元) 综合单价	金额(元) 合价
一	通用项目				25262.98
2	冬雨季、夜间施工措施费	项	1		
2.1	人工土石方	项	1		
2.2	机械土石方	项	1		
2.3	桩基工程	项	1		
2.4	一般土建	项	1		
2.5	装饰装修	项	1		
3	二次搬运	项	1		
3.1	人工土石方	项	1		
3.2	机械土石方	项	1		
3.3	桩基工程	项	1		
3.4	一般土建	项	1		
3.5	装饰装修	项	1		
4	测量放线、定位复测、检测试验	项	1		
4.1	人工土石方	项	1		
4.2	机械土石方	项	1		
4.3	桩基工程	项	1		
4.4	一般土建	项	1		
4.5	装饰装修	项	1		
5	大型机械设备进出场及安拆	项	1	25262.98	25262.98
6	施工排水	项	1		
7	施工降水	项	1		
8	施工影响场地周边地上、地下设施及建筑物安全的临时保护设施	项	1		
9	已完工程及设备保护	项	1		
10	其他	项	1		
二	建筑工程				898868.13
1	混凝土、钢筋混凝土模板及支架	项	1	659243.83	659243.83
2	脚手架	项	1	68046.95	68046.95
3	建筑工程垂直运输机械、超高降效	项	1	171577.35	171577.35
三	装饰工程				
1	脚手架	项	1		
2	装饰工程垂直运输机械、超高降效	项	1		
3	室内空气污染测试	项	1		
	合　计				924131.11

表-3

其他项目清单计价表

工程名称:广联达办公大厦1#　　　　　专业:土建工程　　　　　第1页 共1页

序号	项目名称	计量单位	工程数量	金额(元)	
				综合单价	合价
1	暂列金额	项	1	800000	800000
2	专业工程暂估价	项	1	600000	600000
3	计日工	项	1	4800	4800
4	总承包服务费	项	1		
	合　计				1404800

表-4

计日工计价表

工程名称:广联达办公大厦1#　　　　　　专业:土建工程　　　　　　第1页 共1页

序号	项目名称	单位	暂定数量	金额(元)	
				综合单价	合价
1	人工				
	木工	工日	10	70	700
	瓦工	工日	10	60	600
	钢筋工	工日	10	60	600
	人工费小计				1900
2	材料				
	砂子(中粗)	m³	5	130	650
	水泥	m³	5	350	1750
	材料费小计				2400
3	机械				
	载重汽车	台班	1	500	500
	机械费小计				500
	总　计				4800

表-5

规费、税金项目清单计价表

工程名称:广联达办公大厦1#　　　　　　专业:土建工程　　　　　　第1页 共1页

序号	项目名称	计量单位	工程数量	金额(元)	
				综合单价	合价
一	规费	项	1	405254.82	405254.82
1	社会保障费	项	1	373146.84	373146.84
1.1	养老保险	项	1	308063.1	308063.1
1.2	失业保险	项	1	13016.75	13016.75
1.3	医疗保险	项	1	39050.25	39050.25
1.4	工伤保险	项	1	6074.48	6074.48
1.5	残疾人就业保险	项	1	3471.13	3471.13
1.6	女工生育保险	项	1	3471.13	3471.13
2	住房公积金	项	1	26033.5	26033.5
3	危险作业意外伤害保险	项	1	6074.48	6074.48
	规费合计				405254.82
二	安全文明施工措施费	项	1	317685.63	317685.63
	安全文明施工措施费合计				317685.63
三	税金	项	1	309733.32	309733.32
	税金合计				309733.32

表-7

工程量清单综合单价分析表

工程名称:广联达办公大厦1#

专业:土建工程

| 序号 | 项目编码 | 项目名称 | 单位 | 组价依据 | 综合单价(元) | | | | | | | 合计 |
					人工费	材料费	机械费	其中 风险	管理费	利润	
	A	建筑工程									
	A.1	A.1 土(石)方工程									
		平整场地									
1	010101001001	1.土壤类别:一般土 2.工作内容:标高在±300mm以内的挖填找平	m²	1-19	3.95				0.14	0.11	4.2
		挖基础土方									
2	010101003001	1.土壤类别:一般土 2.挖土类型:大开挖 3.挖土深度:5m以内 4.运距:1km以内场区调配	m³	1-3;1-90	6.26	0.07	13		0.4	0.34	20.07
		挖基础土方									
3	010101003002	1.土壤类别:一般土 2.挖土类型:挖地坑 3.部位:电梯基坑和集水坑 4.挖土深度:1.5m以内 5.运距:1km内场区调配	m³	1-9	34.35				1.23	0.99	36.57
		挖基础土方									
4	010101003003	1.土壤类别:一般土 2.挖土类型:大开挖土方 3.部位:坡道 4.挖土平均深度:3m以内 5.运距:1km以内场区内调配	m³	1-20	10.91	0.11	22.64		0.7	0.6	34.96
5	010101003004	基底钎探	m³	1-20	7.25	2.34			0.26	0.21	10.06

表-8

工程量清单综合单价分析表

工程名称:广联达办公大厦1#　　专业:土建工程　　　　　　　　　　　　　　　　　　

序号	项目编码	项目名称	单位	组价依据	综合单价(元)			其中			合计
					人工费	材料费	机械费	风险	管理费	利润	
6	010103001001	土(石)方回填 1.土质要求:素土 2.密实度要求:夯填 3.运距:1km 以内场区内调配	m³	1-26	102.3	1.47	6.14		3.66	2.95	116.52
7	010103001002	土(石)方回填 1.土质要求:素土 2.密实度要求:夯填 3.部位:房心回填	m³	1-26	24.95	0.36	1.5		0.89	0.72	28.42
8	010103001003	土(石)方回填 1.土质要求:2:8灰土 2.密实度要求:夯填	m³	1-27	43.55	43.13	1.5		1.56	1.25	90.99
A.3		A.3　砌筑工程									
9	010302001001	实心砖墙 1.砖品种、规格、强度等级:标准粘土砖 2.部位:女儿墙 3.墙厚:240mm 4.砂浆强度等级、配合比:M5 混合砂浆	m³	3-4	99.69	284.95	2.83		19.8	12.67	419.94
10	010302001002	实心砖墙 1.砖品种、规格、强度等级:标准粘土砖 2.部位:女儿墙 3.墙厚:240mm 4.砂浆强度等级、配合比:M5 混合砂浆 5.墙体类型:弧形墙	m³	3-7	109.08	289.88	3.05		20.54	13.14	435.69

表-8

工程量清单综合单价分析表

工程名称：广联达办公大厦1#　　　　专业：土建工程

序号	项目编码	项目名称	单位	组价依据	综合单价（元）						合计
					人工费	材料费	机械费	其中 风险	管理费	利润	
11	010304001001	空心砖墙、砌块墙 1.墙厚:200mm 2.空心砖、砌块品种、规格、强度等级:加气混凝土砌块 3.砂浆强度等级、配合比:M10混合砂浆	m³	3-46	62.44	259.36		1	16.5	10.55	349.85
12	010304001002	空心砖墙、砌块墙 1.墙厚:250mm 2.空心砖、砌块品种、规格、强度等级:加气混凝土砌块 3.砂浆强度等级、配合比:M10混合砂浆	m³	3-46	62.62	260.13		1	16.54	10.58	350.87
13	010304001003	空心砖墙、砌块墙 1.墙厚:250mm 2.空心砖、砌块品种、规格、强度等级:加气混凝土砌块 3.砂浆强度等级、配合比:M10混合砂浆 4.墙体类型:弧形墙	m³	3-46	62.62	260.13		1	16.54	10.58	350.87
14	010304001004	空心砖墙、砌块墙 1.墙厚:120mm 2.空心砖、砌块品种、规格、强度等级:加气混凝土砌块 3.砂浆强度等级、配合比:M10混合砂浆	m³	3-46	61.69	256.25	0.99	1	16.3	10.42	345.65

表-8

第3章 报表实例

53

工程量清单综合单价分析表

工程名称:广联达办公大厦1#　　专业:土建工程

序号	项目编码	项目名称	单位	组价依据	综合单价(元)						合计
					其中						
					人工费	材料费	机械费	风险	管理费	利润	
15	010304001005	空心砖墙、砌块墙 1.墙厚:100mm 2.空心砖、砌块品种、规格、强度等级:加气混凝土砌块 3.砂浆强度等级、配合比:M10混合砂浆	m³	3-46	62.56	259.88		1	16.53	10.57	350.54
	A.4	A.4 混凝土及钢筋混凝土工程									
16	010401003001	满堂基础 1.混凝土强度等级:C20 2.混凝土拌和料要求:商品混凝土 3.基础类型:无梁式满堂基础 4.抗渗等级:P8 5.部位:坡道	m³	B4-1	32.85	267.07		1.36	15.4	9.85	326.53
17	010401003002	满堂基础 1.混凝土强度等级:C30 2.混凝土拌和料要求:商品混凝土 3.基础类型:有梁式满堂基础 4.抗渗等级:P8	m³	B4-1换	32.86	302.31		1.36	17.2	11	364.73
18	010401006001	垫层 1.混凝土强度等级:C15 2.混凝土拌和料要求:商品混凝土	m³	B4-1换	32.86	252.07		1.36	14.63	9.36	310.28
19	010402001001	构造柱 1.混凝土强度等级:C25 2.混凝土拌和料要求:商品混凝土	m³	B4-1换	32.86	277.2		1.36	15.91	10.18	337.51

表-8

工程量清单综合单价分析表

工程名称：广联达办公大厦1#　专业：土建工程

序号	项目编码	项目名称	单位	组价依据	综合单价（元）						
					人工费	材料费	机械费	其中 风险	管理费	利润	合计
20	010402001002	矩形柱 1.柱截面尺寸:截面周长在1.8m以上 2.混凝土强度等级:C30 3.混凝土拌和料要求:商品混凝土	m³	B4-1 换	32.86	292.26	1.36		16.68	10.67	353.83
21	010402001003	矩形柱 1.柱截面尺寸:截面周长在1.8m以上 2.混凝土强度等级:C25 3.混凝土拌和料要求:商品混凝土	m³	B4-1 换	32.86	277.18	1.36		15.91	10.18	337.49
22	010402001005	矩形柱 1.柱截面尺寸:截面周长在1.8m以上 2.混凝土强度等级:C30 3.混凝土拌和料要求:商品混凝土 4.抗渗等级:P8	m³	B4-1 换	32.86	302.32	1.36		17.2	11	364.74
23	010402001006	矩形柱 1.柱截面尺寸:截面周长在1.2m以内 2.混凝土强度等级:C30 3.混凝土拌和料要求:商品混凝土 4.部位:楼梯间	m³	B4-1 换	32.73	291.05	1.36		16.61	10.63	352.38
24	010402001007	矩形柱 1.柱截面尺寸:截面周长在1.2m以内 2.混凝土强度等级:C25 3.混凝土拌和料要求:商品混凝土 4.部位:楼梯间	m³	B4-1 换	32.65	275.46	1.35		15.81	10.11	335.38

表-8

工程量清单综合单价分析表

工程名称：广联达办公大厦1#　　　　专业：土建工程　　　　

序号	项目编码	项目名称	单位	组价依据	综合单价(元)			其中			合计
					人工费	材料费	机械费	风险	管理费	利润	
25	01040202001	圆柱 1. 柱直径:0.5m以内 2. 混凝土强度等级:C30 3. 混凝土拌和料要求:商品混凝土 4. 部位:地下一层 5. 抗渗等级:P8	m³	B4-1 换	32.85	302.24	1.36		17.2	11	364.65
26	01040202002	圆柱 1. 柱直径:0.5m以内 2. 混凝土强度等级:C30 3. 混凝土拌和料要求:商品混凝土	m³	B4-1 换	32.85	292.17	1.36		16.67	10.67	353.72
27	01040202003	圆柱 1. 柱直径:0.5m以上 2. 混凝土强度等级:C30 3. 混凝土拌和料要求:商品混凝土	m³	B4-1 换	32.85	292.15	1.36		16.67	10.67	353.7
28	01040304001	圈梁 1. 混凝土强度等级:C25 2. 混凝土拌和料要求:商品混凝土	m³	B4-1 换	32.86	277.17	1.36		15.91	10.18	337.48
29	01040304002	圈梁 1. 混凝土强度等级:C25(20) 2. 混凝土拌和料要求:商品混凝土 3. 类型:弧形圈梁	m³	B4-1 换	32.95	277.94	1.36		15.96	10.21	338.42

表-8

工程量清单综合单价分析表

工程名称:广联达办公大厦1#　　专业:土建工程

序号	项目编码	项目名称	单位	组价依据	综合单价(元)							合计
						其中						
					人工费	材料费	机械费	风险	管理费	利润		
30	010403005001	过梁 1. 混凝土强度等级:C25 2. 混凝土拌和料要求:商品混凝土	m³	B4-1换	32.59	274.81	1.33		15.78	10.11		334.62
31	010404001001	直形墙 1. 混凝土强度等级:C30 2. 混凝土拌和料要求:商品混凝土 3. 部位:地下室 4. 抗渗等级:P8 5. 墙厚:300mm 以内	m³	B4-1换	32.86	302.31	1.36		17.2	11		364.73
32	010404001002	直形墙 1. 混凝土强度等级:C25 2. 混凝土拌和料要求:商品混凝土 3. 墙厚:300mm 以内	m³	B4-1换	32.86	277.2	1.36		15.91	10.18		337.51
33	010404001003	直形墙 1. 混凝土强度等级:C30 2. 混凝土拌和料要求:商品混凝土 3. 墙厚:200mm 以内 4. 部位:坡道处 5. 抗渗等级:P8	m³	B4-1换	32.86	302.31	1.36		17.2	11		364.73
34	010404001004	直形墙 1. 混凝土强度等级:C30 2. 混凝土拌和料要求:商品混凝土 3. 墙厚:300mm 以内 4. 部位:坡道处 5. 抗渗等级:P8	m³	B4-1换	32.89	302.57	1.36		17.21	11.01		365.04

表-8

57

工程量清单综合单价分析表

工程名称：广联达办公大厦1#　　专业：土建工程　　　　　　　　　　

序号	项目编码	项目名称	单位	组价依据	综合单价（元）						
								其中			合计
					人工费	材料费	机械费	风险	管理费	利润	
35	010404001005	直形墙 1. 部位:电梯井壁 2. 墙厚:200mm 以内 3. 混凝土强度等级:C30 4. 混凝土拌和料要求:商品混凝土	m³	B4-1 换	32.86	292.26	1.36		16.68	10.67	353.83
36	010404001006	直形墙 1. 部位:电梯井壁 2. 墙厚:300mm 以内 3. 混凝土强度等级:C30 4. 混凝土拌和料要求:商品混凝土	m³	B4-1 换	32.85	292.14	1.36		16.67	10.67	353.69
37	010404001007	直形墙 1. 混凝土强度等级:C25 2. 混凝土拌和料要求:商品混凝土 3. 部位:电梯井壁 4. 墙厚:300mm 以内	m³	B4-1 换	32.87	277.3	1.36		15.92	10.18	337.63
38	010404001008	直形墙 1. 墙厚:300mm 以内 2. 混凝土强度等级:C30 3. 混凝土拌和料要求:商品混凝土	m³	B4-1 换	32.86	292.25	1.36		16.68	10.67	353.82
39	010404001009	直形墙 1. 混凝土强度等级:C25 2. 混凝土拌和料要求:商品混凝土 3. 部位:电梯井壁 4. 墙厚:200mm 以内	m³	B4-1 换	32.86	277.18	1.36		15.91	10.18	337.49

表-8

工程量清单综合单价分析表

工程名称:广联达办公大厦1#

专业:土建工程

序号	项目编码	项目名称	单位	组价依据	综合单价(元)							
					人工费	材料费	机械费	其中				合计
								风险	管理费	利润		
40	010405001001	有梁板 1. 板厚:100mm以内 2. 混凝土强度等级:C30 3. 混凝土拌和料要求:商品混凝土	m³	B4-1 换	32.86	292.24	1.36		16.68	10.67		353.81
41	010405001002	有梁板 1. 板厚:100mm以上 2. 混凝土强度等级:C30 3. 混凝土拌和料要求:商品混凝土	m³	B4-1 换	32.86	292.26	1.36		16.68	10.67		353.83
42	010405001003	有梁板 1. 混凝土强度等级:C30 2. 混凝土拌和料要求:商品混凝土 3. 板厚:100mm以上 4. 类型:弧形有梁板	m³	B4-1 换	32.87	292.33	1.36		16.68	10.67		353.91
43	010405001004	有梁板 1. 混凝土强度等级:C25 2. 混凝土拌和料要求:商品混凝土 3. 板厚:100mm以上	m³	B4-1 换	32.86	277.19	1.36		15.91	10.18		337.5
44	010405001005	有梁板 2. 混凝土拌和料要求:商品混凝土 3. 板厚:100mm以上 4. 类型:弧形有梁板	m³	B4-1 换	32.87	277.25	1.36		15.91	10.18		337.57

表-8

工程量清单综合单价分析表

工程名称:广联达办公大厦1#　　　　专业:土建工程

序号	项目编码	项目名称	单位	组价依据	综合单价(元)						
					人工费	材料费	机械费	其中 风险	管理费	利润	合计
45	010405001007	有梁板 1. 混凝土强度等级:C25 2. 混凝土拌和料要求:商品混凝土 3. 部位:坡屋面 4. 板厚:100mm以上	m³	B4-1 换	32.85	277.11	1.36		15.91	10.18	337.41
46	010405003001	平板 1. 混凝土强度等级:C25(20) 2. 混凝土拌和料要求:商品混凝土 3. 部位:电梯井 4. 板厚:100mm以上	m³	B4-1 换	32.9	277.53	1.36		15.93	10.19	337.91
47	010405003002	平板 1. 混凝土强度等级:C25 2. 混凝土拌和料要求:商品混凝土 3. 部位:电梯井 4. 板厚:100mm以上 5. 部位:排烟风道	m³	B4-1 换	33.46	282.29	1.38		16.21	10.38	343.72
48	010405007001	天沟,挑檐板 1. 混凝土强度等级:C25 2. 混凝土拌和料要求:商品混凝土 3. 板厚:100mm以上	m³	B4-1 换	32.9	277.5	1.36		15.93	10.19	337.88
49	010405008001	雨篷,阳台板 1. 混凝土强度等级:C25 2. 混凝土拌和料要求:商品混凝土	m³	B4-1 换	32.88	277.39	1.36		15.92	10.19	337.74

工程量清单综合单价分析表

工程名称:广联达办公大厦1#　　　　　　　　　　　专业:土建工程　　　　　　　　　　　

序号	项目编码	项目名称	单位	组价依据	综合单价(元)						
								其中			合计
					人工费	材料费	机械费	风险	管理费	利润	
50	010406001001	直形楼梯 1. 混凝土强度等级:C25 2. 混凝土拌和料要求:商品混凝土	m²	B4-1 换	8.92	75.29	0.37		4.32	2.76	91.66
51	010407001001	其他构件 1. 混凝土强度等级:C25 2. 混凝土拌和料要求:商品混凝土 3. 部位:女儿墙压顶(直形)	m³	B4-1 换	32.85	277.07	1.36		15.9	10.18	337.36
52	010407001002	其他构件 1. 混凝土强度等级:C25 2. 混凝土拌和料要求:商品混凝土 3. 部位:女儿墙压顶(弧形)	m³	B4-1 换	32.9	277.56	1.36		15.93	10.2	337.95
53	010407001003	其他构件 门槛	m³	B4-1 换	32.84	277.21	1.37		15.89	10.16	337.47
54	010407002001	散水 1. 60 厚 C15 混凝土,面上加 5 厚 1:1水泥 砂浆随打随抹光 2. 150 厚 3:7灰土 3. 素土夯实,向外坡 4% 4. 沿外墙皮设通缝,每隔 8m 设伸缩缝,内 填沥青砂浆	m²	1-21; 1-28; 8-27	24.71	26.98	1.38		2.08	1.38	56.53

表-8

工程量清单综合单价分析表

工程名称：广联达办公大厦 1#　　　　　　　专业：土建工程

序号	项目编码	项目名称	单位	组价依据	综合单价（元）							合计
					人工费	材料费	机械费	其中 风险	管理费	利润		
55	010407002002	坡道 1.200 厚 C25 混凝土 2.3 厚两层 SBS 改性沥青 3.100 厚 C15 混凝土垫层	m²	8-26	23	8.58	0.26		1.63	1.04		34.51
56	010407003001	电缆沟、地沟 1.混凝土强度等级:C20 2.混凝土拌和料要求:商品混凝土 3.部位及详细尺寸:见图纸	m	B4-1	32.86	267.14	1.36		15.4	9.85		326.61
57	010408001001	后浇带 1.混凝土强度等级:C35 2.混凝土拌和料要求:商品混凝土 3.部位:100mm 以内有梁板	m³	B4-1 换	32.7	320.81	1.36		18.14	11.6		384.61
58	010408001002	后浇带 1.混凝土强度等级:C35 2.混凝土拌和料要求:商品混凝土 3.部位:100mm 以上有梁板	m³	B4-1 换	32.84	332.28	1.36		18.73	11.98		397.19
59	010408001003	后浇带 1.混凝土强度等级:C35(20) 2.混凝土拌和料要求:商品混凝土 3.部位:有梁式满堂基础 4.抗渗等级:P8	m³	B4-1 换	32.86	332.46	1.36		18.74	11.99		397.41

表-8

工程量清单综合单价分析表

工程名称:广联达办公大厦1#　　专业:土建工程

序号	项目编码	项目名称	单位	组价依据	综合单价(元)						
					人工费	材料费	其中				合计
							机械费	风险	管理费	利润	
60	010408001004	后浇带 1.混凝土强度等级:C35(20) 2.混凝土拌和料要求:商品混凝土 3.部位:混凝土墙 4.抗渗等级:P8	m³	B4-1 换	32.87	332.61	1.36		18.75	12	397.59
61	010412008001	沟盖板,井盖板,井圈	m³(块、套)	6-87	54.29	24.94	64.47		7.35	4.71	155.76
62	010416001001	现浇混凝土钢筋(及砌体加固钢筋)φ10以内一级钢筋	t	3-34	1399.96	4349.75	63.98		297.08	190.04	6300.81
63	010416001002	现浇混凝土钢筋不绑扎:一级钢筋 φ10以内	t	4-6	1075.08	4351.22	51.91		279.94	179.08	5937.23
64	010416001003	现浇混凝土钢筋 二级钢筋综合	t	4-7	624.96	4472.95	107.39		265.99	170.16	5641.45
65	010416001004	现浇混凝土钢筋 三级钢筋综合	t	4-7	624.95	4472.94	107.39		265.99	170.17	5641.44
66	010416001005	现浇混凝土钢筋接头 锥螺纹接头 φ25 以内	t	B4-27	41068.8	104637.12	12938.88		8108.88	5183.28	171936.96
67	010416001006	现浇混凝土钢筋 锥螺纹接头 φ25 以上	t	B4-28	2091.14	5452.53	664.14		419.37	268.34	8895.52
68	010417002001	预埋铁件	t	4-9	1519.01	5915.2	580.88		409.58	262	8686.67

表-8

工程量清单综合单价分析表

工程名称:广联达办公大厦1#
专业:土建工程

序号	项目编码	项目名称	单位	组价依据	综合单价(元)						合计
					人工费	材料费	机械费	其中 风险	管理费	利润	
	A.7	A.7 屋面及防水工程									
69	010702001001	屋面 1.防水层:1.2厚合成高分子材料防水卷材两道 2.找平层:25厚1:3水泥砂浆找平层 3.找坡层:1:6水泥焦渣找坡最薄处30厚 4.部位:屋面2、屋面3	m²	8-22; 9-27; 9-56; 8-21换	10.39	60.87	0.38		3.66	2.34	77.64
70	010702001001	屋面 1.防水层:1.5厚聚氨酯涂膜防水层 2.找平层:25厚1:3水泥砂浆找平层 3.找坡层:1:6水泥焦渣找坡最薄处30厚 4.部位:屋面2、屋面3	m²	8-22; 9-27; 9-106; 8-21换	10.04	41.24	0.38		2.64	1.69	55.99
71	010702001002	屋面 1.保护层:8~10厚600×600防滑地砖铺平拍实,缝宽5~8mm,1:1水泥砂浆填缝 2.找平层:25厚1:3水泥砂浆加建筑胶找平层 3.防水层:刷基层处理剂后,1.5厚SBS高聚物改性沥青防水卷材二道 4.保温层:30厚聚苯乙烯泡沫塑料板 5.找坡层:1:6水泥焦渣找坡最薄处30厚 6.部位:屋面1(铺块材上人屋面)	m²	8-22; 9-27; 9-53; 9-56; 10-70; 8-21换	34.23	165.78	1.23		8.72	6.86	216.82

工程量清单综合单价分析表

工程名称:广联达办公大厦1#　　　　专业:土建工程　　　　

序号	项目编码	项目名称	单位	组价依据	综合单价(元)						合计
					人工费	材料费	机械费	风险	管理费	利润	
								其中			
72	010702004001	屋面排水管 φ100 UPVC φ100	m	9-68	3.97	22.09			1.33	0.85	28.24
73	010703001001	卷材防水 1.3 厚两层 SBS 改性沥青防水 2. 部位:坡道处	m²	9-80	2.92	46.76			2.54	1.62	53.84
74	010703001002	地下室底板防水 1.50 厚 C20 细石混凝土保护层 2.4 厚 SBS 卷材	m²	8-23; 8-24*4; 9-80	14.46	60.44	0.98		3.88	2.48	82.24
75	010703001003	地下室侧壁防水 1.4 厚 SBS 卷材 2. 30 厚聚苯乙烯泡沫板保护层,建筑胶 粘贴	m²	9-81 9-118	17.86	171.99	0.19		9.71	6.21	205.96
76	010703002002	烟道顶板防水 1. 1:3水泥砂浆找平 2. 1.5 厚聚氨酯涂膜防水层	m²	8-22*2; 9-106; 8-21 换	9.57	38.75	0.45		2.49	1.59	52.85
77	010703002003	风井外墙面防水 1. 1:3水泥砂浆找平 2. 1.5 厚聚氨酯涂膜防水层	m²	8-22*2; 9-106; 8-21 换	9.57	38.75	0.45		2.49	1.59	52.85
A.8	A.8　防腐、隔热、保温工程										
78	010803003001	保温隔热墙 外墙外侧做 40 厚苯板保温	m²	B9-9	14.88	30.71			2.33	1.49	49.41

表-8

工程量清单综合单价分析表

工程名称：广联达办公大厦 1#　　　　专业：土建工程

序号	项目编码	项目名称	单位	组价依据	综合单价（元）						
					人工费	材料费	其中				合计
							机械费	风险	管理费	利润	
	B	装饰装修工程									
	B.1	楼地面工程									
79	02010100 1001	水泥砂浆楼地面 部位：管井	m²	10-1	6.66	6.15	0.26		0.5	0.46	14.03
80	02010100 1002	水泥砂浆楼地面 1.20厚1:2水泥砂浆抹面压光 2.素水泥浆结合层一遍 3.80厚C15混凝土 4.部位：地面2	m²	10-1; B4-1 换	9.21	26.08	0.36		1.66	1.2	38.51
81	02010100 3001	细石混凝土楼地面 1.30厚C20细石混凝土随打随抹光 2.素水泥浆结合层一遍 3.80厚C15混凝土 4.部位：地面1	m²	10-6; 10-8*2; B4-1 换	14.48	32.49	0.86		2.12	1.62	51.57
82	02010200 1001	石材楼地面 1.20厚大理石板铺实拍平，水泥浆擦缝 2.30厚1:4干硬性水泥砂浆 3.素水泥浆结合层一遍 4.部位：楼面3	m²	10-19	16	239.37	0.84		9.81	8.97	274.99
83	02010200 1002	石材楼地面（台阶平台） 1.20~25厚花岗岩，水泥浆擦缝 2.30厚1:4干硬性水泥砂浆 3.素水泥浆结合层一遍 4.60厚C15混凝土垫层 5.300厚3:7灰土 6.素土夯实 7.部位：台阶平台	m²	1-21; 1-28; 10-37; B4-1 换	63.05	521.82	2.94		25.38	19.13	632.32

表-8

66

工程量清单综合单价分析表

工程名称：广联达办公大厦 1#　　　　专业：土建工程　　　　第 17 页　共 24 页

序号	项目编码	项目名称	单位	组价依据	综合单价（元）							
					人工费	材料费	机械费	其中 风险	管理费	利润		合计
84	020102002001	块料楼地面 1.8～10 厚地砖铺实拍平，水泥浆擦缝或 1:1 水泥砂浆填缝 2.5 厚水泥砂浆（掺建筑胶）1:2.5 3.20 厚水泥砂浆（掺建筑胶）1:3 4. 刷基层处理剂一遍 5. 选用 400×400 防滑地砖 6.80 厚 C15 混凝土 7. 部位：地面 3（防滑地砖楼地面）	m²	10-69； B4-1 换	18.6	113.92	0.95		5.4	4.62		143.49
85	020102002002	块料楼地面 1.8～10 厚地砖铺实拍平，水泥浆擦缝或 1:1 水泥砂浆填缝 2.5 厚 1:2.5 水泥砂浆 3.20 厚 1:3 水泥砂浆 4. 素水泥浆结合层一遍 5. 部位：楼面 1（防滑地砖楼地面） 6. 选用 800×800 防滑地砖	m²	10-70	21.27	100.81	0.85		4.71	4.3		131.94
86	020102002003	块料楼地面 1.8～10 厚地砖铺实拍平，水泥浆擦缝或 1:1 水泥砂浆填缝 2.5 厚 1:2.5 水泥砂浆粘结层 3.20 厚 1:3 干硬性水泥砂浆结合层 4.1.5 厚聚氨酯防水涂料，面上撒黄砂，四 周上翻 150mm 高 5. 刷基层处理剂一遍 6.20 厚 1:3 水泥砂浆找平 7.50 厚 1:3 水泥砂浆找坡层，最薄处 20mm 厚，坡向地漏，一次抹平 8. 选用 400×400 防滑地砖 9. 部位：楼面 2（防滑地砖楼地面）	m²	8-20； 8-23； 8-24*4； 9-106； 10-69	31.74	140.28	1.8		7.46	5.94		187.22

表-8

工程量清单综合单价分析表

工程名称：广联达办公大厦 1#　　　　　　专业：土建工程

序号	项目编码	项目名称	单位	组价依据	综合单价（元）							合计
					人工费	材料费	机械费	风险	管理费	利润	
									其中		
87	02010500**1001**	水泥砂浆踢脚线 1. 刷建筑胶素水泥浆一遍，配合比为建筑胶：水＝1:4 2. 10 厚 1:3水泥砂浆打底 3. 8 厚 1:2.5 水泥砂浆抹面压光 4. 高度为 100mm 5. 踢脚 1（水泥砂浆踢脚）	m²	10-5	21.74	4.17	0.25		1	0.92	28.08
88	02010500**2001**	石材踢脚线 1. 刷建筑胶素水泥浆一遍，配合比为建筑胶：水＝1:4 2. 8 厚 1:3水泥砂浆打底 3. 8 厚 1:2水泥砂浆加水 20% 建筑胶镶贴 4. 10 厚大理石板，水泥浆擦缝 5. 高度为 100mm，选用 800×100 深色大理石 6. 踢脚 3（大理石踢脚）	m²	10-25	27.46	239.54	0.79		10.26	9.37	287.42
89	02010500**3001**	块料踢脚线 1. 刷建筑胶素水泥浆一遍，配合比为建筑胶：水＝1:4 2. 12 厚 1:3水泥砂浆打底 3. 5 厚水泥砂浆结合层 4. 6～10 厚面砖，水泥浆擦缝 5. 高度为 100mm，选用 400×100 深色地砖 6. 踢脚 2（地板砖踢脚）	m²	10-91	40.93	50.69	0.25		3.52	3.21	98.6

表-8

工程量清单综合单价分析表

工程名称:广联达办公大厦1#　　专业:土建工程

序号	项目编码	项目名称	单位	组价依据	综合单价(元)						合计
						其中					
					人工费	材料费	机械费	风险	管理费	利润	
90	020106002001	块料楼梯面层 1.8~10厚地砖铺实拍平,水泥浆擦缝或1:1水泥砂浆填缝 2.5厚1:2.5水泥砂浆 3.20厚1:3水泥砂浆 4.素水泥浆结合层一遍 5.钢筋混凝土楼梯 6.选用800×800防滑地砖	m²	10-71	36.89	103.9	1.03		5.43	4.96	152.21
91	020107001001	金属扶手带栏杆、栏板 部位:楼梯,大堂,窗户	m	10-206	6.45	29.09	2.54		1.46	1.33	40.87
92	020108001001	石材台阶面 1.20~25厚石质花岗岩踏步及踢脚板,水泥浆擦缝 2.30厚1:4干硬性水泥砂浆 3.素水泥浆结合层一遍 4.混凝土台阶 5.300厚3:7灰土 6.素土夯实	m²	1-21; 1-28; 10-47; B4-1换	81.63	660.03	5.95		31.5	24.72	803.83
B.2		B.2 墙、柱面工程									
93	020201001001	墙面一般抹灰 1.10厚1:3水泥砂浆 2.6厚1:2.5水泥砂浆 3.基层墙体:混凝土墙 4.内墙	m²	10-248	6.91	4.4	0.22		0.44	0.4	12.37

表-8

工程量清单综合单价分析表

工程名称:广联达办公大厦1#　专业:土建工程

序号	项目编码	项目名称	单位	组价依据	综合单价(元)			其中			合计
					人工费	材料费	机械费	风险	管理费	利润	
94	020201001002	墙面一般抹灰 1.5厚1:2.5水泥砂浆 2.5厚水泥石灰砂浆1:0.5:2.5 3.8厚水泥石灰砂浆1:1:6 4.基层墙体:加气混凝土墙 5.内墙	m²	10-249	8.23	6.83	0.23		0.59	0.53	16.41
95	020201001003	墙面一般抹灰 1.刷建筑素胶水泥浆一遍,配合比为建筑胶:水=1:4 2.12厚1:3水泥砂浆打底 3.8厚1:2.5水泥砂浆抹面 4.基层墙体:混凝土墙及砖墙 5.外墙23	m²	10-245	11.19	7.27	0.3		0.72	0.66	20.14
96	020201001004	墙面一般抹灰 1.刷建筑素胶水泥浆一遍,配合比为建筑胶:水=1:4 2.6厚1:0.5:2.5 水泥石灰膏砂浆抹平 3.8厚1:1:6水泥石灰砂浆 4.基层墙体:加气混凝土墙 5.外墙	m²	10-246	10.25	8.38	0.28		0.72	0.66	20.29
97	020202001001	柱面一般抹灰 1.素水泥砂浆一道 2.8厚1:2.5水泥砂浆 3.12厚1:3水泥砂浆	m²	10-252	13.64	6.02	0.29		0.76	0.7	21.41

表-8

工程量清单综合单价分析表

工程名称：广联达办公大厦1#

专业：土建工程

序号	项目编码	项目名称	单位	组价依据	综合单价（元）						
					人工费	材料费	其中 机械费	风险	管理费	利润	合计
98	020202001002	柱面一般抹灰 1.12 厚 1:3水泥砂浆 2.8 厚 1:2.5 水泥砂浆 3.部位:自行车库及首层门厅内圆柱面 4.选用内墙抹灰做法	m²	10-253	18.42	5.93	0.28		0.94	0.86	26.43
99	020203001001	零星项目一般抹灰 1.6 厚 1:2.5 水泥砂浆 2.14 厚 1:3水泥砂浆 3.压顶	m²	10-256	40.68	5.62	0.28		1.78	1.63	49.99
100	020203001002	零星项目一般抹灰 1.20 厚 1:2.5 防水水泥砂浆,分 3 次抹平,内掺3% 防水剂 2.部位:集水坑及截水沟水沟内	m²	10-256	40.65	5.62	0.28		1.78	1.63	49.96
101	020204003001	块料墙面 1.刷建筑胶素水泥浆一遍,配合比为建筑胶:水=1:4 2.10 厚 1:3水泥砂浆打底压实抹平 3.刷素水泥浆一遍 4.5 厚 1:2建筑胶水泥砂浆镶贴 5.6～9 厚面砖,水泥浆擦缝 6.基层墙体:混凝土墙 7.选用内墙 200×300 面砖	m²	10-394	27.6	81.31	0.57		4.19	3.83	117.5

表-8

工程量清单综合单价分析表

工程名称:广联达办公大厦1#　　专业:土建工程

序号	项目编码	项目名称	单位	组价依据	综合单价(元)							合计
					人工费	材料费	机械费	其中				
								风险	管理费	利润		
102	02020403002	块料墙面 1. 刷建筑胶素水泥浆一遍,配合比为建筑胶:水=1:4 2. 5厚1:2水泥砂浆打底实抹压平 3. 刷素水泥浆一遍 4. 6厚1:0.5:2.5水泥石灰砂浆 5. 8厚1:1:6水泥石灰砂浆 6. 6~9厚面砖,水泥浆搽缝 7. 基层墙体:加气混凝土墙 8. 选用内墙200×300 面砖	m²	10-395	27.18	80.79	0.59		4.16	3.8		116.52
B.3	B.3	天棚工程										
103	02030100101001	天棚抹灰 1. 钢筋混凝土板底面清理干净,刷素水泥浆一道甩毛 2. 5厚1:0.3:2.5水泥石灰膏砂浆抹面找平 3. 5厚1:0.3:3水泥石灰砂浆 4. 表面喷刷涂料另选 5. 涂料顶棚	m²	10-663	8.62	4.33	0.16		0.5	0.46		14.07
104	02030100101002	雨篷、挑檐抹灰 1. 5厚1:2.5水泥砂浆 2. 5厚的1:3水泥砂浆 3. 部位:雨篷、飘窗板、挑檐	m²	10-660	9.81	4.3	0.23		0.55	0.5		15.39

表-8

工程量清单综合单价分析表

工程名称：广联达办公大厦1# 专业：土建工程

序号	项目编码	项目名称	单位	组价依据	人工费	材料费	机械费	风险	管理费	利润	合计
							综合单价（元） 其中				
105	020302001001	天棚吊顶（封闭式铝合金条板吊顶） 1.配套金属龙骨（龙骨由生产厂配套供应，安装按生产厂要求施工） 2.铝合金条型板 3.铝合金条板厚度 0.8mm 4.部位：吊顶 1	m²	10-737	8.69	83.5	0.35		3.54	3.24	99.32
106	020302001002	天棚吊顶（铝合金 T 型暗龙骨，矿棉装饰板吊顶） 1.铝合金配套龙骨，T 型龙骨中距 900～1000mm，T 型龙骨中距 300mm 或 600mm，横撑中距 600mm 2.12 厚 592×592 开槽矿棉装饰板 3.部位：吊顶 2	m²	10-714； 10-759	14.93	74.64	0.15		3.44	3.14	96.3
B.4		B.4 门窗工程									
107	020401003001	实木装饰门 1.部位：M1,M2 2.类型：实木成品豪华装饰门（带框），含五金	m²	7-24	7.68	0.72			0.43	0.27	9.1
108	020401006001	木质防火门 成品木质丙级防火门，含五金	m²	10-973	58.28	490			21	19.18	588.46
109	020402005001	塑钢门 塑钢平开门，含玻璃、五金配件	m²	10-964	15.5	236.82	0.26		9.67	8.84	271.09
110	020402007001	钢质防火门 成品钢质甲级防火门，含五金	m²	10-972	58.28	435			18.89	17.26	529.43

表-8

工程量清单综合单价分析表

工程名称：广联达办公大厦1#　　专业：土建工程　　

序号	项目编码	项目名称	单位	组价依据	综合单价(元)						
					其中						合计
					人工费	材料费	机械费	风险	管理费	利润	
111	020402007002	钢质防火门 成品钢质乙级防火门,含五金	m²	10-972	58.28	435			18.89	17.26	529.43
112	020404005001	全玻门(带扇框) 玻璃推拉开门,含玻璃,五金配件	m²	7-43	36.22	6.68			2.19	1.4	46.49
113	020406007001	塑钢窗 塑钢平开窗、上悬窗,含玻璃及配件	m²	10-965	15.5	227.88	0.26		9.33	8.53	261.5
114	020406007002	塑钢窗 塑钢纱扇,含配件	m²	10-967	2.46	1.75			0.16	0.15	4.52
B.5		B.5 油漆,涂料,裱糊工程									
115	020506001001	抹灰面油漆 1.清理抹灰基层 2.刷乳胶漆一度 3.满刮腻子两道 4.乳胶漆两遍	m²	10-1331	6.27	3.99			0.39	0.36	11.01
116	020506001002	抹灰面油漆 1.清理抹灰基层 2.满刮防水腻子 3.乳胶漆两遍	m²	B10-13	6.82	8.39			0.58	0.53	16.32
117	020506002001	抹灰线条油漆 1.乳胶漆两遍 2.部位:压顶	m	10-1337	2.11	1.95			0.16	0.14	4.36
		补充分部									

表-8